本书出版受到以下资助：

江苏高校优势学科建设工程资助项目（PAPD）
江苏省高校哲学社会科学基金资助项目（2016SJB630049）

中国碳交易市场减排成本与交易价格研究

Research on Mitigation Cost and Trading Price of Carbon Market in China

陆 敏 苍玉权 著

中国社会科学出版社

图书在版编目（CIP）数据

中国碳交易市场减排成本与交易价格研究/陆敏，苍玉权著．—北京：中国社会科学出版社，2016.10

ISBN 978-7-5161-8841-5

Ⅰ.①中… Ⅱ.①陆… ②苍… Ⅲ.①二氧化碳—减量化—排气—成本计算—研究—中国 ②二氧化碳—排污交易—价格—研究—中国 Ⅳ.①X511

中国版本图书馆CIP数据核字(2016)第205118号

出 版 人　赵剑英
责任编辑　侯苗苗
特约编辑　曹慎慎
责任校对　周晓东
责任印制　王　超

出　　版　中国社会科学出版社
社　　址　北京鼓楼西大街甲158号
邮　　编　100720
网　　址　http://www.csspw.cn
发 行 部　010-84083685
门 市 部　010-84029450
经　　销　新华书店及其他书店

印　　刷　北京金瀑印刷有限责任公司
装　　订　廊坊市广阳区广增装订厂
版　　次　2016年10月第1版
印　　次　2016年10月第1次印刷

开　　本　710×1000　1/16
印　　张　9.75
插　　页　2
字　　数　98千字
定　　价　36.00元

目　录

第一章　绪论

近百年来，全球气候正经历一次以变暖为主要特征的显著变化，极端气候现象和环境污染事件等频繁发生，温室气体排放被认为是导致全球气候系统发生改变的主要因素。自工业化时代以来，人类活动已引起全球温室气体排放增加，其中在1970—2004年增加了70%。[①] 气候变暖不仅严重影响全球生态，也与经济社会息息相关，因此，控制温室气体排放已成为国际社会日益关注并高度重视的问题。

1988年，联合国环境规划署（United Nations Environment Program，UNEP）和世界气象组织（World Meteorological Organization，WMO）共同成立了政府间气候变化委员会（IPCC），专门研究气候变化相关问题的成因及其潜在的环境、社会经济问题。1992年，《联合国气候变化框架公约》（UNFCCC）获得通过，包括中国、美国等主要温室气体排

---

① IPCC，2007：Climate Change 2007. Synthesis Report. WG Ⅰ，WG Ⅱ and WG Ⅲ. Core Writing Team，Pachauri R. K. and Reisinger A. IPCC，Geneva，Switzerland.

放国在内的 189 个国家的支持和自愿承诺，这是目前全球气候变化谈判最重要也是最基本的框架结构。另一个里程碑式的文件就是《京都议定书》（1997），该文件明确了碳排放的总量目标和分解指标，具有创造性地规定了三个灵活机制，即附件一缔约国家[①]之间的联合履约机制（Joint Implementation，JI）、碳排放交易机制（International Emission Trade，IET）和附件一与非附件一缔约国家之间的清洁发展机制（Clean Development Mechanism，CDM）。《京都议定书》之后，国际气候变化谈判（见表 1－1）在争议之中艰难前行，特别是近年来极端天气频发、生态环境日益脆弱及能源资源急剧减少等情况的出现，已经使气候变化问题超出科学研究范畴，成为国际社会多种政治力量利益博弈的筹码，但世界各国应对气候变化带来的威胁和挑战的步伐从没有停止，国际社会在“共同但有区别的责任原则”下，在竞争中不断扩大合作。

表 1－1　　国际气候变化谈判进展[②]

年份	地点	会议成果	年份	地点	会议成果
1992	里约热内卢	UNFCCC	1997	东京	《京都议定书》
1995	柏林	柏林授权	1998	阿根廷	布宜诺斯艾利斯行动计划
1996	日内瓦	日内瓦宣言	1999	波恩	没有重要进展

① 39 个附件一国家包括澳大利亚、奥地利、比利时、加拿大、丹麦、芬兰等。
② 根据百度资料整理。

续表

年份	地点	会议成果	年份	地点	会议成果
2000	海牙	没有重要进展	2008	波兹南	启动“适应基金”
2001	波恩	波恩政治协议	2009	哥本哈根	未形成有法律约束力文件，取得微小进步
2001	摩洛哥	马拉喀什协定	2010	波恩	坎昆会议前要进行至少两轮气候会谈
2002	新德里	新德里宣言	2010	坎昆	坎昆协议
2003	米兰	造林再造林模式和程序	2011	德班	德班一揽子决议
2004	布宜诺斯艾利斯	简化小规模造林再造林模式和程序	2012	多哈	《京都议定书》第二承诺期
2005	蒙特利尔	蒙特利尔路线图	2013	华沙	加强对发展中国家的资金和技术支持、进一步推动德班平台
2006	内罗毕	内罗毕工作计划	2014	利马	继续推动德班平台谈判，进一步细化了2015年巴黎协议的要素
2007	巴厘岛	巴厘岛路线图	2015	巴黎	通过全球气候变化新协定

中国政府也积极行动起来，中国虽然没有承担约束性减排指标的义务，但作为负责任的大国，在2009年哥本哈根会议召开前夕，也首次明确提出了到2020年单位GDP的二氧化碳排放比2005年下降40%—45%的碳减排目标。2011年3月全国“两会”上，温家宝总理的《政府工作报

告》中2011年的工作重点之一就是“研究制定排污权有偿使用和交易试点的指导意见”，中共中央“十二五”《规划纲要》也明确提出“积极应对全球气候变化，逐步建立碳排放交易市场”。2012年11月党的十八大报告明确提出“积极开展碳排放权交易试点”。2013年11月《中共中央关于全面深化改革若干重大问题的决定》中也提出“完善主要由市场决定价格的机制”、“推行碳排放权交易制度”。2014年5月国务院办公厅印发《2014—2015年节能减排低碳发展行动方案》，提出了2014—2015年单位GDP能耗逐年下降3.9%以上，单位GDP二氧化碳排放量两年分别下降4%、3.5%以上。2015年11月，中共中央关于制定国民经济和社会发展第十三个五年规划的建议再次提出“建立健全……碳排放权初始分配制度……培育和发展交易市场”。2016年1月22日，发改委公布《国家发展改革委办公厅关于切实做好全国碳排放权交易市场启动重点工作的通知》（以下简称《通知》），部署碳排放权交易市场建设相关工作。《通知》明确，将在2016年出台并实施全国碳排放权交易体系中的配额分配方案，2017年启动全国碳排放权交易，实施碳排放权交易制度。中国为应对气候变化问题一直在不断努力。

而有效“对冲”二氧化碳剧增的主要手段就是尽快建立上升到市场层面的交易平台，培育碳排放交易市场体系。碳排放交易机制作为《京都议定书》规定的有效实现全球减排的三种灵活机制之一，对于减少二氧化碳排放，降低全球二氧化碳的平均减排成本，传导国家节能减排政策发挥着重要作用。2012 年年初，国家相关部委就正式宣布京津沪渝等 7 省市开展碳排放权交易试点工作，逐步建立国内碳排放交易市场。到 2013 年年底，国内区域性碳交易市场已经部分启动。

1. 国际碳交易市场发展迅猛

碳交易机制已经在世界上多个国家发挥着重要作用，世界上已经建立了多个碳交易平台。全球碳交易市场起步较早，发展迅猛，势头强劲，2013 年全球碳市场交易总量约为 104. 2 亿吨，交易总额约为 549. 08 亿美元，世界银行报告预测，2020 年全球碳交易成交量与成交额有望达到 440 亿吨和 5799 亿美元。碳交易市场主要分为基于配额（Allowance）的市场和基于项目的市场，在国际碳交易市场格局中，以基于配额的市场为主，项目交易为辅，如图 1 -1所示。

配额市场可以细分为两类：一是自愿配额市场，如芝加哥气候交易所（Chicago Climate Exchange，CCX）和北美自愿减排计划；二是强制配额市场，如欧盟碳排放交易计划（EUETS）、新西兰排放交易体系（NZUs）等。在以配额为基础的碳交易市场中，欧盟碳排放交易计划的交易量和交易额都远远超过其他碳市场，世界银行的数据显示，其2010 年和 2011 年的交易量分别占整个配额市场的 94. 79% 和 97. 18% 。项目市场包括 JI 和 CDM 及自愿减排（Voluntary Emission Reduction，VER）交易，由于 CDM 项目

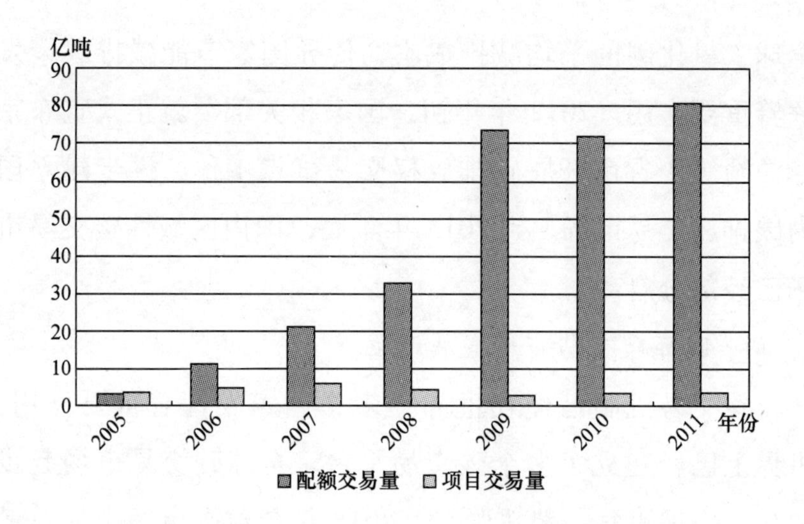

图 1-1 2005—2011 年全球碳交易市场配额交易量和项目交易量①

可以带来较大的期望收益，国际社会对开展 CDM 项目合作的热情高涨。CDM 项目有望在 2012 年《京都议定书》到期后继续运行，现有项目有望在 2013—2020 年实现 34 亿吨的二氧化碳当量（N. E. Hultman，et al.）。

2. 国际气候变化谈判压力渐增

伴随着中国经济的飞速增长，能源消耗和二氧化碳排放急剧增加，中国已经成为仅次于美国的全球第二大能源消耗国和二氧化碳排放国（陈诗一，2009），2013 年 BP 世界能源统计年鉴数据显示，2012 年仅中国和印度就贡献了全球近 90% 的能源消费净增量，而 IEA 的预测表明，中国

① 根据世界银行《碳市场现状与趋势报告》（2006—2012）整理。

的二氧化碳排放量到2030年将达到世界总量的27.32%，2012年BP世界能源统计年鉴给出了中国和世界二氧化碳排放量的对比数据（见表1－2），从表1－2中可以发现，近几年，我国二氧化碳排放贡献率显著增加。但中国的人均二氧化碳排放量依然较低，作为没有减排义务的发展中国家，中国在2009年哥本哈根会议召开之前，宣布了2020年人均GDP碳排放量比2005年降低40%—50%的承诺。中国目前的经济发展水平相对较低，未来中国经济仍将持续快速增长，基础投资和建设依然在不断增加，基本国情决定了中国能源消费和温室气体等的排放也会持续上升，这使中国不得不面对巨大的国际压力。

表1－2　　中国和世界二氧化碳排放量对比

年份	中国二氧化碳排放量（亿吨）	世界二氧化碳排放量（亿吨）	中国二氧化碳排放量贡献率（%）
1998	3319.61	24444.85	13.58
1999	3483.99	24819.00	14.04
2000	3550.57	25463.36	13.94
2001	3613.85	25668.75	14.08
2002	3833.14	26150.15	14.66
2003	4471.20	27323.09	16.36
2004	5283.16	28760.07	18.37
2005	5803.16	29652.04	19.57
2006	6415.54	30523.98	21.02

续表

年份	中国二氧化碳排放量（亿吨）	世界二氧化碳排放量（亿吨）	中国二氧化碳排放量贡献率（%）
2007	6797.86	31446.27	21.62
2008	7033.49	31772.21	22.14
2009	7636.31	31460.35	24.27
2010	8209.81	33040.63	24.85
2011	8979.14	34032.75	26.38

在国际气候变化谈判中，国际社会要求中国承担“大国责任”，但我国坚持“共同但有区别的责任”原则，提出：不但要看排放总量，还要看人均排放量；不但要看当前排放量，还要看历史累积排放量；不但要看本土排放量，还要看转移排放量；不但要看当前排放量上升，还要看国家所处的历史发展阶段。但很多发达国家依然拿排放总量来说事，将国际谈判压力转移给中国。

……对各方都关注的三大问题——德班平台进程、损失损害补偿机制、资金问题，华沙大会最后产生了协议，但成果不尽如人意。协议被视为空壳……在资金方面，尽管发达国家承诺应当对发展中国家予以资助，但既没有提出落实时间表，也没有提出具体数额；在对极端气候灾害损失的补偿机制上，发达国家的承诺也没有相应的配套措施。让国际社会担心的是，一些发达国家企图否认《联合国气候变化框架公约》以及《京都议定书》的“共同但有区别的责任”基本原则，既不想承担自己的历史责任，又宣扬无差别的责任，试图让发展中国家承担超出自身能力和发展阶段的责任。更有甚者，日本等发达国家在减排上出现“倒退”现象，并在大会多个场合狡辩……尽管如此，在包括中国在内的“基础四国”和更多发展中国家的推动下，气候谈判仍然能够克服阻力前行，取得“各方都不满意但都能接受”的成果……[①]（2013 年华沙气候变化大会）

3. 结构调整和经济增长矛盾明显

我国产业结构调整和经济增长方式转变取得了初步成效，但不可忽视的是我国经济发展依然存在投资驱动、工业主导、能源消耗量大的现实，三次产业对国内生产总值的贡献率如图 1－2 所示，第二产业比重依然较大。

中国距离完成工业化还有相当长的一段路要走，依然需要进行大规模的能源、交通、建筑等基础设施建设，存在发展经济的强烈需求。陈诗一也认为中国工业已基本实现了以技术驱动为特征的集约型增长方式的转变，但能源依然是中国工业增长的主要源泉，工业能源消费占能源消费总量的比重依然较高，2013 年比重陡增（见图 1－3）。

① 《气候谈判“三多”，弊端引发世人担忧》，《北京青年报》2013 年 11 月 25 日。

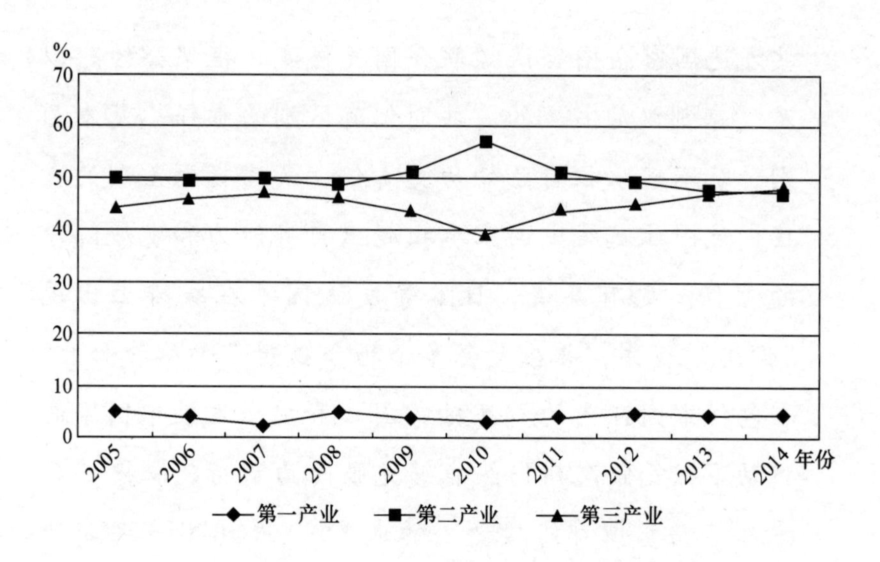

图 1－2　三次产业对国内生产总值的贡献率

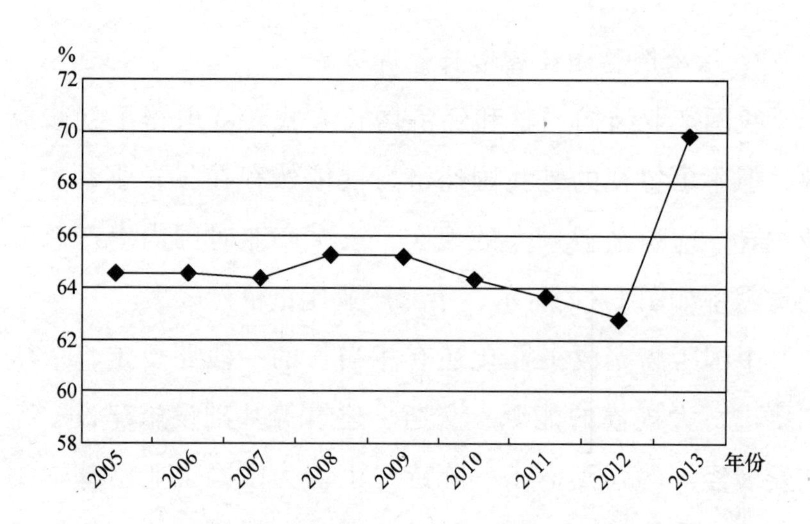

图 1－3　工业能源消费占能源消费总量的比重

国家统计局资料显示，近年来，我国能源消费总量连年攀升（见图 1－4），2013 年能源消费总量为 37.5 亿吨标准煤，比 2012 年增长 3.7%，约占全球能源消费总量的 22.4%，而环境污染较为严重的煤炭消耗占比达 66%。现阶段我国经济增长与能源消费和碳排放之间依然存在较显著的相关性，这是由我国目前的产业结构、技术发展水平和能源资源等禀赋共同决定的，短期内很难得到有效解决。为实现到 2020 年单位 GDP 的二氧化碳排放量下降 45% 的约束性目标，我国将会进一步优化产业结构，调整能源消费结构，实现经济的低碳发展。陈文颖、高鹏飞、何建坤的研究提出，当减排率为 0—45% 时，由碳减排造成的 GDP 损失率为 0—2.5%，因此，随着我国经济的持续快速增长，未来结构调整和经济发展的矛盾会愈加明显。

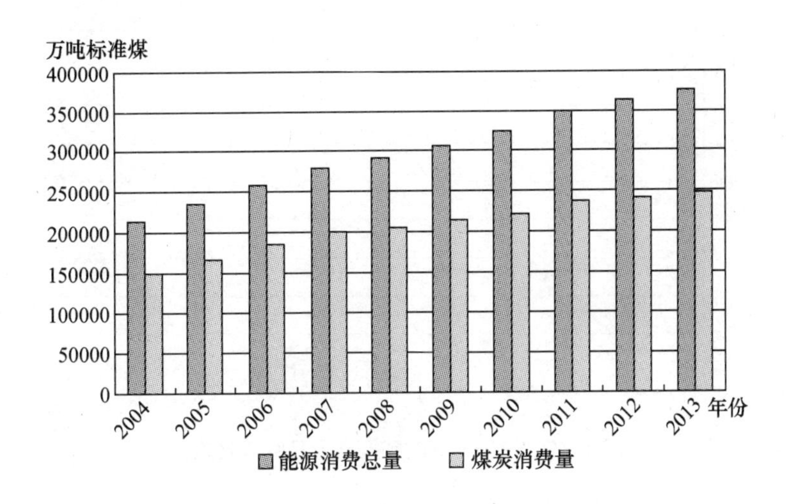

图 1－4　能源消费总量和煤炭消费量比较

4. 国际市场定价权缺失

中国主要是通过 CDM 参与全球的碳减排和碳交易活动，已成为全球第一大核证减排量（CER）供给国，截至 2013 年 6 月底，我国签发的 CDM 项目数占世界总量的 61.76%。根据中国清洁发展机制网站提供的数据，近年来，我国 CDM 已批准的项目数急剧增加，受 2012 年年底国际碳价“大幅跳水”影响后又迅速减少（见图 1-5）。相对碳排放权交易市场来说，CDM 市场是一个扭曲的市场，价格不能反映出市场的供求关系。①

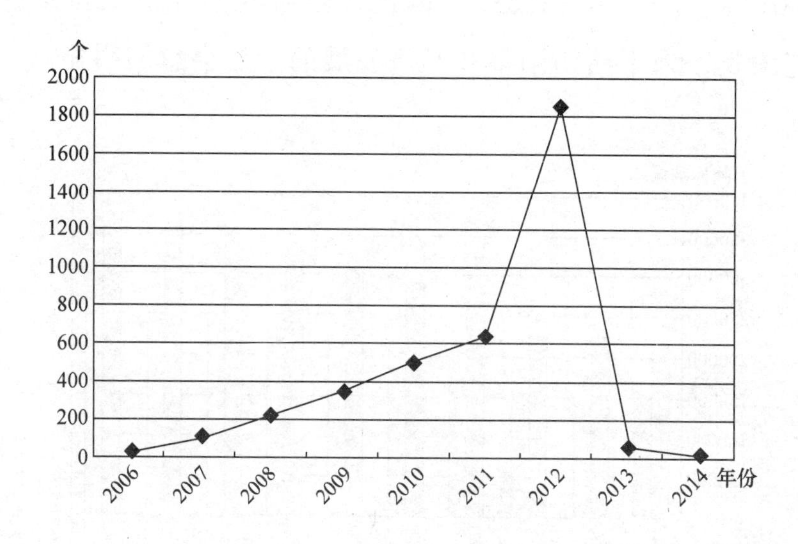

图 1-5　中国 CDM 已批准项目数变化趋势

而且，我国从未真正融入全球碳金融体系，依然处在

① 魏一鸣、刘兰翠等：《中国能源报告（2008）：碳排放研究》，科学出版社 2008 年版，第 188 页。

整个碳交易产业链的最底端，中国企业的 CER 被发达国家低价买进，包装后再高价卖出，赚取巨额差价利润。数据表明，中国的核证减排量售价低于全球 CDM 一级市场均价，远低于印度、巴西的 CERs 售价及全球 CDM 二级市场均价和全球配额交易市场均价，处于绝对的价格弱势地位。主要原因就是我国在国际 CDM 市场上缺乏定价权。中国迫切需要为国内现有和未来开发的 CDM 项目寻找新的销售渠道，避免大量碳资产流入发达国家。

第二章　中国碳交易市场的发展现状

排放权交易理论最早是由美国经济学家 Dales（1968）作为温室气体减排的有效市场工具提出的，旨在通过市场方式提高环境资源利用效率。碳排放配额交易是世界各国普遍采用的环境经济政策，它的理论基础主要是经济学的外部性理论和产权理论。

一　碳交易理论基础

1. 经济学的外部性理论

外部性又称外部效应，是指个人在从事经济活动时给他人造成了积极的或消极的影响，但没有取得应有的收益或承担应有的责任，或者说当一个人的生产或消费直接影响到另一个人的环境时，外部性问题就出现了。外部性理论是 1920 年庇古（Pigou）在《福利经济学》一书中提出的，它反映和描述的是私人成本与社会成本的差异。外部性可以分为外部经济性和外部不经济性；或称正外部性和负外部性。一般来说，当市场上资源供给大于需求时，存在外部经济性；反之，存在外部不经济性。当外部性存在时，资源得不到有效配置，市场均衡一般是低效率的。[①]

解决外部性问题时，经济学家主张将外部成本内部化，庇古主张对造成环境负外部性影响的行为征税（庇古税），征收一个边际净私人产品和社会产品的差额，他认为环境问题是由于市场在环境资源配置上的失灵所致的，只有对污染排放活动征收一定单位的税收，才能使外部性内部化，从而解决市场失灵问题。根据这种观点，通过税收方式对污染定价，让企业内部化其污染的外部性，企业必然会选择符合自身利益的策略最小化其承担的成本，这样，企业在实现内部成本最小化时也最小化了社会总成本。

2. 科斯定理与产权理论

解决外部性问题，科斯（Coase）提出可以通过市场交易使外部成本内部化。1960 年，科斯发表了《论社会成本问题》，提出了与庇古截然不同的思想，他认为，只要产权明确，在交易成本为零时，通过产权协商交易，市场机制本身可以解决因外部性产生的市场失灵而无须政府干预，这在经济学中通常称为“科斯定理”。科斯定理将产权赋予

---

① 哈尔·瓦里安：《微观经济学（高级教程）》，经济科学出版社 2002 年版。

外部损害的制造者，只要产权清晰，当事人之间可以通过自由协商达到资源的有效配置，无论谁拥有产权，社会资源都会趋向于最优化配置。尽管现实世界中产权界定与明晰经常存在一定的困难，交易成本也不可能为零，但科斯定理给出了一种利用市场机制解决外部性问题的新方法，为后期碳排放交易机制的出现奠定了基础。

Dales 提出，污染实际上是政府赋予排污企业的一种产权，这种产权应该是可以转让的，可以通过这种市场方式提高环境资源的使用效率，并首次在水污染中应用科斯定理。根据科斯定理，排污权的卖方可以出售自己超量减排剩余的排放权，获得一定的经济回报，这是市场对有利于环境外部经济性的补偿，而无法按规定进行减排的企业必须购买排放权，其支出的费用实质上是为其环境外部不经济性付出的代价（林云华）。因此，排污权交易在本质上属于基于市场的环境政策工具，它搁置了科斯所说的污染者与被污染者的“谈判”，代之以追求社会福利最大化的政府，允许市场为产权定价和实现价值，价格由市场中供给和需求的交互影响决定。

碳排放交易机制是解决环境经济活动外部性的有效方法，借助于市场机制，碳排放权可以在不同企业之间得到有效配置，实现社会总效用的最大化。

二　碳交易市场的构成要件和主要参与者

1. 碳交易市场的类型

根据不同的标准，碳排放配额交易一般可以分为以下几类。

（1）根据是否强制减排分类：一是强制性碳交易市场，二是自愿性碳交易市场。强制减排市场是目前国际上最为普遍，也是发展最为迅速的市场，比较有影响力的是欧盟碳交易体系、美国区域温室气体减排计划等；而自愿减排计划，由于其基本前提是自愿加入，近年来有逐渐减少萎缩的趋势。

（2）根据是否跨行业分类：分为单行业碳排放交易体系和多行业碳排放交易体系。相比较而言，只在一个行业执行的碳交易市场面对的问题压力相对较小，开展交易相对容易。

（3）根据覆盖的区域分类：分为区域内碳排放交易体系和区域外（全国性）碳排放交易体系。当然这个“区域”是一个相对的概念，既可以是一个国家的不同省份，也可以是多个国家组成的联合体，比如欧盟。区域内碳交易体系是指所有交易集中在一个范围内部进行，不出现相互之间的交易。我国目前在7省市试点的碳交易就属于区域内碳交易市场。

（4）根据交易地点分类：分为场内交易和场外交易。和传统的商品交易市场一样，碳交易市场也可以区分为场内碳交易市场和场外碳交易市场。场内交易是指在集中在交易所里进行的交易，场内交易和场外交易基本功能一致，但在交易场所、交易标的、交易价格、交易风险及交易时间间隔等方面有所区别。我国目前的碳交易市场都属于场内交易。

2. *碳交易市场的构成要件*

任何一个市场，不管其具有怎样的表现形式，它都应该包含一些基本要素。一个完整的碳排放配额交易体系一般包括总量控制、配额分配、交易制度、监管制度、风险控制等。

（1）总量（Cap）控制。总量控制通常是由政府或监管者设置一个总的减排目标，不管哪个参与者具体减排量的多少，只要完成总量控制目标就可以，这样的设置可以让所有参与者根据自身的实际情况来决定市场行为，从而既实现了社会总环境资源的有效利用，又保证了每个参与者的效用最大化。具体到我国而言，可以根据中央“十二五”规划纲要提出的单位GDP碳排放量降低17%作为基准减排线设定目标，各省份可按照现实情况上下浮动。

（2）配额分配。确定总量控制目标后，配额如何分配将会影响监管者、参与交易企业和其他利益相关者的积极性，决定他们的成本和收益，干扰他们的市场行为，进而降低市场机制的效率。因此，总量控制市场机制下，配额分配非常关键，一个不合理或者不恰当的分配方式都有可能破坏整个市场体系。

配额分配主要分为免费分配及公开拍卖。免费分配（或者部分免费分配）一般包括基于历史排放水平的分配和基于产出的分配。在不同的碳排放交易体系中，有时候会采用免费分配和公开拍卖相结合的分配方式。

（3）交易制度。碳排放权交易和一般金融商品交易的基本流程并没有本质区别，交易制度包含交易场所、交易品种规格方式的设定、注册登记、开设账户和交易程序、交易结算等。

（4）监管制度。监管制度是保证碳交易市场体系正常运转的基本保障，主要包含资金监管、价格监管、日常交易监管、交易纠纷处理等。

（5）风险控制。碳排放交易市场作为一个新兴的市场，有很多不确定性因素会危及市场的健康运行，因此，建立职责明确、权责统一、制衡高效的系统风险控制管理体系非常关键。

3. 碳交易市场的主要参与者

研究碳交易市场还需要进一步厘清该市场的所有相关者。自国际碳排放配额交易市场建立以来，碳市场的参与主体呈现出多元化的发展趋势，不但参与者的身份多元化，比如政府、企业、个人、中介等，而且参与者的目标也是多元化的。一般来说，碳排放配额交易市场的主要参与者有：

（1）遵约参与者。遵约参与者是指所有参与碳排放配额交易市场的企业，它们是市场的主体，包含碳排放配额的供给方和需求方，在总量控制和交易机制下，供给方通过技术改造等达到减排目标，出售多余配额，需求方实际排放超过了许可目标，需要购买配额。这些企业，不管他们是看多还是看空市场，也不管他们是想追求内部减排策略的优化还是利用市场交易来完成自己的减排约束目标，每一个参与者的市场地位都会或多或少地影响这个市场。

（2）政府监管部门。政府部门一直都是碳市场的主角，它们发挥着计划、组织、领导和控制的职能，是碳市场构建的主要倡导者和建设者，也是碳市场平稳运营和发展壮大的主要力量。碳市场的各项政策法规，各种规章制度的起草、发布和督促执行都离不开政府部门的参与。

（3）商业银行。由于碳市场发展比其他金融市场晚，规模较小也不太成熟，商业银行介入碳市场动作也较慢。随着碳市场发展日趋成熟，越来越多的商业银行开始发现这一新的利润增长点，参与的积极性也越来越高。

国内的兴业银行是中国首家采纳赤道原则的银行，较早进入涉碳市场，为国内多个 CDM 项目提供融资服务、碳资产抵押信贷等。兴业银行可持续金融中心碳金融处研究员何鑫提出，银行除了提供交易结算服务、减排融资安排外，还将陆续开发多元化的碳排放权交易金融产品，争取成为碳交易场内交易的经纪商、做市商。目前该行已与 7 个国家级碳交易试点地区中的 6 个签署全面合作协议，提供包括交易架构及制度设计、资金存管、清算在内的一揽子金融服务，推动国内碳交易市场的建设。

（4）碳经纪商和投机商。任何新兴市场都会吸引经纪商、风险资本和投机商，经纪商们专注于碳市场的研究，获取各类极其重要的市场信息，为卖方和买方提供专业化的中介服务。各类风险资本也会敏锐地察觉到碳市场的机会，纷至沓来，活跃于不同碳交易市场中。

（5）会计和法律服务。碳市场中会计和税务处理是一项重要的专业技能，充满了不确定性，很多问题并未获得解答，随着碳交易市场的日趋成熟，会计服务将会越来越受到重视。不同于一般的法律服务提供者，碳交易市场的法律服务要求从业者专精于碳交易，熟悉市场的各项政策法规、法律条文等。

因此，一个完整的碳排放配额交易体系一般包括总量控制、配额分配、交易制度、监管制度、风险控制等，遵约参与的企业是碳交易市场的主体，政府部门是碳交易市场的主要监管者，所有这些利益相关者，有效协作共同推动碳交易市场的顺利运作。

三　国际碳交易市场政策与实践

全球碳排放配额交易模式包括《京都议定书》下的国际排放交易机制（AAUs）、欧盟温室气体排放计划（EU-

ETS)、澳大利亚新南威尔士减排计划（NSW)、美国区域温室气体行动计划（RGGI）和芝加哥气候交易所（CCX）等。近年来，全球主要配额交易市场的交易量和交易额对比见表2－1，整个配额市场无论是交易量还是交易额都出现了大幅的增长，2008—2009年交易量翻倍，其增长趋势如图2－1所示。

表2－1　全球主要配额交易市场的交易量和交易额对比

年份	交易量（百万吨二氧化碳当量）					交易额（百万美元）				
	EUETS	NSW	CCX	RGGI	AAUs	EUETS	NSW	CCX	RGGI	AAUs
2005	321	6	1	—	—	7908	59	3	—	—
2006	1104	20	10	—	—	24436	225	38	—	—
2007	2060	25	23	—	—	49065	224	72	—	—
2008	3093	31	69	62	23	100526	183	309	198	276
2009	6326	34	41	805	155	118474	117	50	2179	2003

资料来源：世界银行。

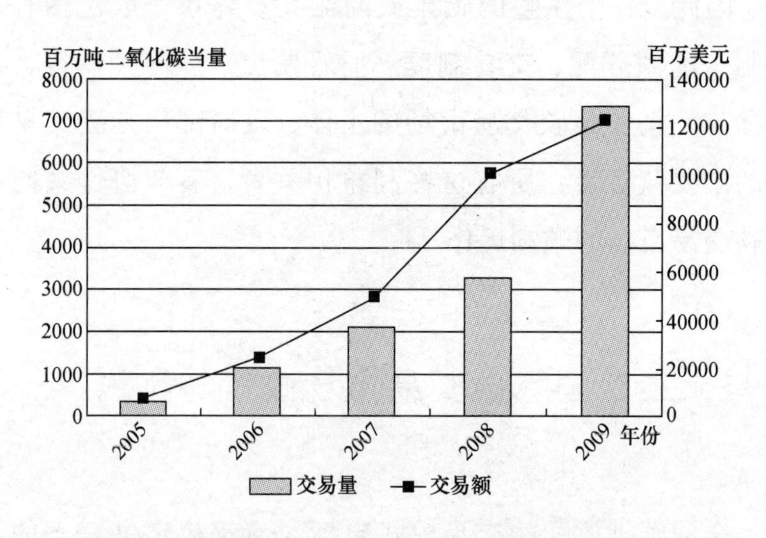

图2－1　全球主要配额交易市场的交易量和交易额增长趋势

接下来，本书分别介绍四个主要的配额交易市场的发展情况和启示。

1. 欧盟碳排放配额交易计划

2005 年 1 月欧盟建立了世界上第一个跨国排放权交易机制，经过几年的迅速发展，现已成为全球最大的碳排放交易市场（如图2－2、图 2－3 所示）。欧盟范围内开展的碳排放权交易被认为是最具有影响力和深远意义的政策之一，对国际碳排放权交易的发展提供了很多重要参考。

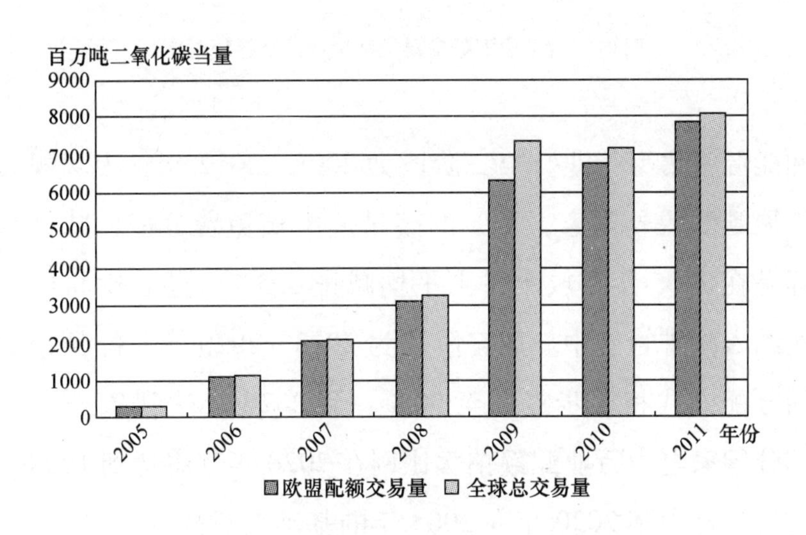

图 2－2　欧盟配额交易量和全球总交易量对比

EUETS 设定了三个实施阶段，第一阶段为 2005—2007 年，属于实验性阶段，市场规模定为欧盟国家，碳排放配额有 95% 免费分配给各企业，减排目标是要完成《京都议定书》所承诺目标的 45%。参加交易的主要是能源生产行业

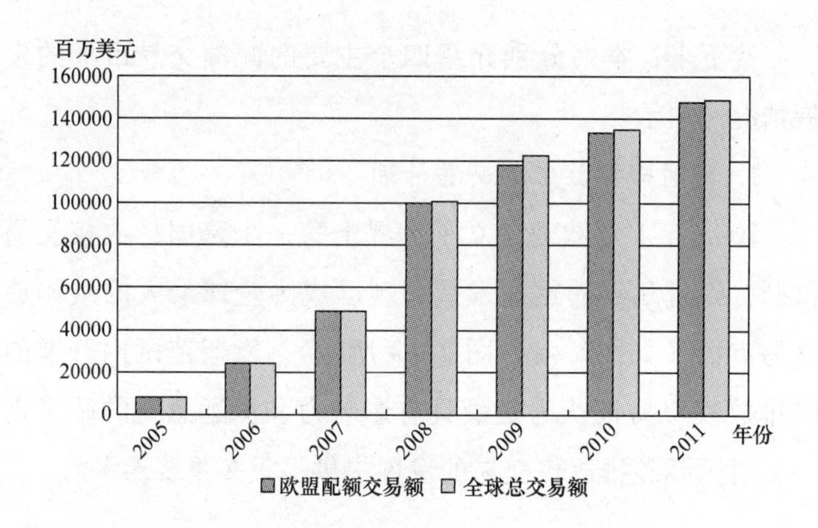

图 2-3　欧盟配额交易额和全球总交易额对比

和能源密集型行业。第二阶段为 2008—2012 年，市场规模扩展到欧盟外国家，90% 的碳排放配额免费分配，减排目标是在 2005 年排放水平上平均减排 6.5%，还首次将航空业纳入减排管制中。第三阶段为 2013—2020 年，配额拍卖的分配方式将逐步提高至 50%，到 2020 年达到 75%，大部分国家电力行业配额拍卖比例在 2020 年都将达到 100%，减排目标为到 2020 年在 2005 年的基础上减排 14%。

EUETS 的成功实施，不但促进了整个欧洲地区的温室气体减排和相关产业低碳化变革，而且对全球气候变化统一行动做出了贡献，在关键时刻促使各国摒弃政治利益共同面对气候变化的挑战，不但提供了通过市场机制进行有效率减排的成功案例，而且补充和完善了碳交易的理论体系。欧洲作为先行者，在《京都议定书》即将失败的关键时刻，把握了气候问题的政治话语权和道德制高点，获得了先动优势，产生了一个时间表效应，对美国等发达国家形成了巨大的压力，促进了全球碳交易市场的蓬勃发展。

EUETS 的实施过程中，也存在几个重要的争议。第一，第一阶段是否存在碳排放配额过度分配（over - allocation）的问题。围绕这一问题，许多学者展开了研究，欧盟认为由于缺乏足够的数据，一些成员国分配配额时采用了预测的方法，这会夸大实际需求。[①] 第二，是否存在暴利（windfall profits）问题。这在第一阶段中饱受诟病，主要原因在于祖父制的分配方式导致发电企业无偿拥有了大量配额，随着拍卖制度的逐步推行，暴利会逐渐消失。第三，价格波动（price fluctuate）问题。特别是在 2006—2007 年价格波动异常剧烈，人们担心这样的价格信息究竟能否给企业提供明确可靠的信号。事实上，碳交易市场和其他能源商品交易市场的波动性基本一致，价格波动过大还可以采取允许跨期存储（F. Jaehn & P. Letmathe）、设定价格下限等手段来避免。虽然 EUETS 在实施过程中出现了不少问题，但 EUETS 在碳排放交易领域的理论和实践贡献是不可磨灭的，EUETS 组织架构、制度建设和经验教训为很多后继者提供了极其重要的借鉴。

---

① Tamra Gilbertson and Oscar Reyes, "Carbon Trading: How IT Works and Why IT Fails", *Critical Currents*, No. 7, 2009.

2. 澳大利亚新南威尔士减排计划

新南威尔士温室气体减排计划（NSW GGAS）是全球最早实施的强制减排交易体系，启动于 2003 年 1 月 1 日，涵盖了 6 种温室气体，期限 10 年，参加该计划的公司仅限于电力零售商和大型电力企业，目的是减少和使用与电力有关的温室气体排放，发展鼓励补偿温室气体排放的生产，使温室气体排放总量达到强制性的基准目标水平。

GGAS 是世界上唯一的基线信用（baseline and credit）强制减排体系，2003 年初始基准为 8.65 吨/人，2007 年逐渐下降至 7.27 吨/人，维持标准不变至 2021 年。基准参与者必须减少温室气体排放至它们的基准值，企业的二氧化碳排放量每超标一个碳信用配额将被处以 11.5 澳元的罚款。基准信用交易体系是以人均消费碳排放为基准的，在实际操作中相对简单，交易成本相对较低，适合人口相对稳定、人均收入较高的国家或地区。

GGAS 的基准是人均消费二氧化碳当量，集中在电力消费侧，相对简单，避免了 EUETS 在实践基准时遇到的问题，但在交易活跃度和流动性上，基准信用减排体系不如限量减排计划。另外，需求端基准体系，强调人口相对稳定，人均收入已达到发达国家水平，在我国依然不具有适用性。

3. 美国区域温室气体行动计划

区域温室气体行动计划（RGGI）由美国东北部和大西洋沿岸中部地区的 10 个州组成，是美国第一个以市场为基础的强制性总量控制交易减排计划，也是全球第一个拍卖几乎全部配额的市场体系，RGGI 各州通过拍卖配额获得资金用于支持各种低碳解决方案，并投资于节能技术、可再生能源和清洁能源技术。

RGGI 管制单一的电力行业，控制电厂的排放总量，实现 2008—2018 年这 11 年内减排 10% 的目标，其中 2009—2014 年维持现有排放总量不变，2015—2018 年每年比现有排放水准降低 2.5%，总计 10%。

RGGI 交易所是非营利性机构，开创了美国区域碳排放交易体系的先河，它建立了一个规则范例，各州参照规则范例的要求和精神进行各自的减排行动立法，形成协调一致的立法过程，为美国碳排放交易体系的发展提供了借鉴，它采用完全拍卖的方式，极大地促进了配额拍卖的理论和实践的发展。但 RGGI 也同样面临着非议，一个很重要的原因就是其规定的年排放限额过高，形同虚设，不会对减排二氧化碳有任何贡献。

4. 芝加哥气候交易所

芝加哥气候交易所（CCX）是全球第一个规范的、气候性质的气候交易机构，也是第一个实施自愿参与且具有法律约束力的总量限制减排计划。CCX 的目标分为两个阶段，第一阶段是在 2003—2006 年，将六种温室气体在 1998—2001 年的水平上每年降低 1%，以 1998—2001 年的年平均排放为基期；第二阶段延续到 2010 年，第一阶段加入的成员承诺再额外减少 2%，第二阶段新加入的成员承诺到 2010 年将六种温室气体减排 6%。

CCX 交易系统由三个部分构成，包括及时提供注册以支持交易，帮助成员管理排放基准，帮助成员达到履约目标等。由于 CCX 是一个自愿交易体系，因此没有强制覆盖的行业或者范围，它鼓励企业自愿开展减排活动，自 2003 年以来，CCX 体系实现自愿减排量近 7 亿吨二氧化碳当量，涵盖了美国全部的 50 个州，加拿大 8 个省以及 16 个国家，对利用市场机制减排温室气体做了一个有益的尝试。CCX 创办 8 年后最终停止，一种可能原因是在全球碳市场的发展中，自愿减排交易的市场份额将会越来越小，提前履约买家和投机买家都将逐渐转移阵地（王毅刚、葛兴安、邵诗洋、李亚东）。

从上文可以发现，四个主要的配额交易市场的减排目标、分配方法、覆盖范围等信息见表 2－2。

表 2－2　四个配额交易市场比较

	EUETS	NSW	RGGI	CCX
减排目标	2013—2020 年之前在 1990 年基础上减排 20%	到 2021 年保持 7.27 吨/人的基准	2015—2018 年每年减排 2.5%	到 2010 年比 2000 年减排 6%
分配方法	逐步“100%”拍卖	—	拍卖	—
覆盖范围	覆盖 31 个国家的电力、钢铁、化工、航空等多个领域	与电力生产和使用相关的行业、消费者	所有用化石燃料发电且大于等于 25 兆瓦的电厂	覆盖 6 种气体，不同国家、不同行业自愿加入

续表

	EUETS	NSW	RGGI	CCX
政策启示	①碳市场需要分段快速建设 ②碳交易需要与其他相关政策结合	①电力行业可以首先纳入统一碳交易体系 ②碳交易市场建设应稳步推进	①尽快建立统一碳市场，避免排放跨区域转移 ②根据国情制定和完善相关法规 ③提供配套金融服务	①区域试点先行，适度发展自愿减排市场 ②根据国情设立减排目标和控排行业

5. 对全球碳交易市场的思考

随着中国碳排放配额交易市场的试点，以及越来越多的国家和地区采用碳交易市场机制解决环境问题，全球碳排放配额交易市场规模不断扩大，碳交易机制在解决全球气候变化问题中的作用已经得到认同。但是，全球碳排放配额交易市场的发展前景依然存在一些不确定性，不同国家的政治力量基于自身利益考虑围绕减排目标问题依然无法达成有效共识，部分国家蕴藏着碳交易机制停止的风险，如澳大利亚 2014 年宣布取消碳税，原定于 2015 年开始的全国碳交易市场存在变数；全球碳排放配额交易市场及相关配套机制的运行和完善需要经历很长时间，不同国家和地区的碳交易市场发展不平衡性依然存在，尤其是发展中国家和发达国家的发展差距于短时间内无法逾越。

四 我国碳交易市场国内现状

2012 年初，国家发展改革委批准北京、上海、天津、湖北、广东、深圳、重庆七个省市开展碳排放权交易试点工作，中国碳排放权交易市场的构建迈出了实质性的一步，但与国际碳市场的蓬勃发展相比，我国碳排放交易市场的发展依然落后很多。

（一）七个试点省市碳交易市场发展现状

2013 年 6 月，深圳碳交易所鸣锣后，上海、北京、广东、天津四个碳交易所都先后运行上线，2014 年上半年，湖北碳交易所和重庆碳交易所也挂牌成立。至此，首次参与试点的七个省市的碳交易平台已全部运行。

不少人担心相互割据的七个试点区域，会不会演变成开始一拥而上争取先动优势，接着相应政策法规滞后、管理混乱，然后再出拳治理整顿的黯然局面？截至 2015 年 6 月 26 日，七个试点碳交易平台的排放企业和单位共有 1900 多家，分配的碳排放配额总量合计约 12 亿吨，累计成交二氧化碳约 2509 万吨，总金额约 8.3 亿元人民币，从目前的数据来看，可以认定碳排放权交易试点进展顺利，成绩显著。试点区域的三产国内生产总值比例（以 2010 年计算）、单位 GDP 能耗数据（以 2010 年计算）、各自的减排目标（以 2010 年为基年）、配额分配方式、控排企业标准等如表

2－3 所示（部分资料来自 D. Zhang 等，F. Jotzo 和 A. Löschel，J. J. Jiang 等，Z. Liao 等）。

表 2－3　　七个试点区域碳交易概况

试点区域	北京	上海	天津	广东	深圳	湖北	重庆
三产 GDP 比例（%）	0.9/24.0/75.1	0.7/42.1/57.2	1.6/52.4/46.0	5.0/50.0/45.0	0.1/47.5/52.4	13.4/48.7/37.9	8.6/55.0/36.4
单位 GDP 能耗（吨标准煤/万元）	0.4927	0.6525	0.7391	0.5848	0.5817	0.9480	0.9911
减排目标	碳强度降低 18%	碳强度降低 19%	碳强度降低 19%	碳强度降低 19%	碳强度降低 25%	碳强度降低 17%	能耗强度降低 16%
配额分配方式	基于历史排放总量和历史排放强度	免费，后期基准线法和历史排放法	免费发放	免费发放为主，少许拍卖	免费发放为主，少许拍卖	免费，基准线法和历史排放法结合	基于历史排放水平确定
控排企业标准	2009—2011 年年均碳排放大于 1 万吨	工业企业大于 2 万吨/年，其他大于 1 万吨/年	2009 年以来碳排放 2 万吨以上	年均碳排放大于 2 万吨	四个渠道交叉对比选企业①	2010—2011 年任一年综合能耗 6 万吨以上	2008—2012 年任一年碳排放量超过 2 万吨
控排行业	制造业、其他工业和服务业，供热和火力发电	钢铁、化工、电力，宾馆、商场、港口、机场、航空等	钢铁、化工、电力、热力、石化、油气开采，民用建筑	电力、钢铁、石化和水泥四个行业	能源行业（发电）、供水行业、大型公共建筑和制造业	电力、钢铁、水泥、化工等	满足标准的所有工业企业，不包括建筑和交通
控排企业数量（家）	490	197	130	230	635/197②	138	240

资料来源：根据《中国统计年鉴》及 7 个碳交易所网页资料整理。

① 从深圳市统计局获得按生产法和支出法分别计算的工业增加值前 800 家企业名单，从供电局获得用电量前 4000 家企业名单，从中石油、中石化和中海油分别获得油耗量大的企业名单，从深圳市市场监督局获得有锅炉企业的名单。

② 635 家工业企业和 197 栋大型公共建筑。

但七个试点区域也存在一些问题。首先，各地碳交易试点进度不一，交易冷热不均，经济发达地区交易比较频繁，交易量较大，深圳最先开展交易，截至8月中旬，成交额达1.13亿元，占总成交额的25%左右；而湖北和重庆的交易量则相对较少，有时甚至会零交易。近三个月（2014年6月16日至2014年9月15日）七个试点区域的平均成交价和总成交量如图2－4所示。

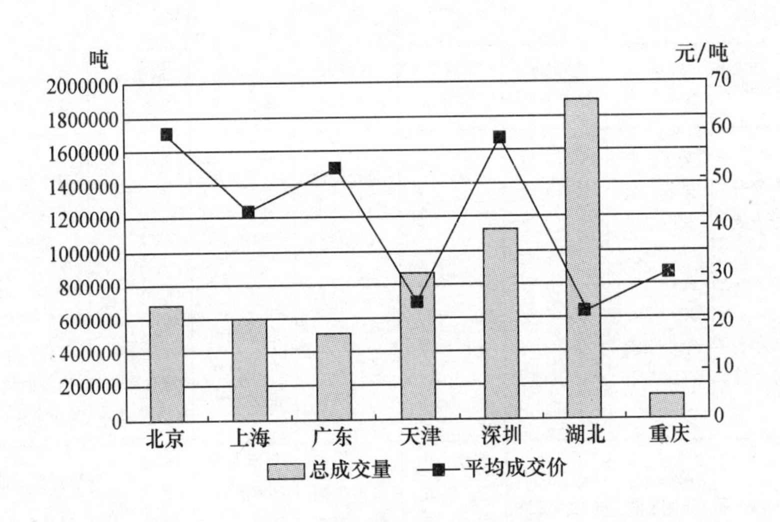

图2－4　七个试点区域近三个月平均成交价和总成交量对比

其次，市场信息很不透明，参与企业无法做出合理决策，无论是基本面还是技术面，缺乏完善的信息披露机制（L. Wu，et al.），影响企业的参与积极性。

再次，首个履约期内，只有上海和深圳在法定期限内完成履约，延迟履约反映企业参与交易的积极性不够，市场流动性较差。

又次，七个区域的减排任务不尽相同，控排行业和标准也不一样，这些详略不同、侧重点不一样的规章细则都不利于我国统一碳市场的建立，要尽快出台全国统一的法律规则和标准。孙翠华透露，为建立更大范围的跨区域交易市场，国家将会加快完善碳排放交易的顶层设计，加强法律及相关配套政策的支持，《中国碳排放权交易管理办法》2015 年 11 月会上报国务院和中央改革领导小组，以后，国家出面分配碳排放配额，自上而下进行分配，确定统一标准，建立跨区域的市场。

最后，从七个试点区域碳交易现状来看，这些市场都是区域性的碳市场，不存在跨区交易和配额互抵，处于相对封闭的市场体系中。同时，从控排行业来看，主要集中在高耗能行业，如钢铁、化工石化和电力等，这些行业的碳排放配额交易市场可能是一个垄断竞争市场。因此，本书后续运用经济学市场结构理论，借鉴国外碳排放交易市场体系的成功经验，对我国碳排放配额交易市场可能存在的市场结构逐一进行分析具有一定的现实意义。

从目前试点区域的情况来看，普遍存在几个问题。首先，初始配额该如何分配？各个试点区域的主流方法依然是免费的，未来全国性的碳交易市场的配额分配也是由国家统一分配（孙翠华，2014），比较切合实际的分配制度非常重要。其次，要建立规范的信息披露机制。目前我国碳交易市场的价格、交易量和买方卖方等交易信息尚不完全，这直接导致交易市场相关者徘徊在市场之外：潜在参与企业无法根据已有信息决策，可能的投机者也无法判断市场走向，市场的流动性受到影响，不光使他们的积极性受挫，已有的交易企业最大化自身利益时也会存在抉择困难，这些都迫切需要透明的市场信息披露。最后，建立严格的奖惩体系。从试点情况来看，首个履约期就出现大量延迟，这与缺乏有效的惩罚机制不无关联。一个严格的奖惩体系，是保证碳交易市场健康运行的基础，它能够让合规的市场参与者获得合理的企业利润，同时，也能惩罚市场中存在的违规违法情况，增加企业的违法成本，保障碳交易市场有序推进。碳交易市场的构建需要进一步完善各项规章制度。

（二）我国碳交易市场的优势

我国碳排放配额交易市场的发展与国际碳市场相比，具有两大明显优势。

1. 坚定的国家政策支持

近年来的国家相关政策都对我国碳排放配额交易市场的建立释放了明确的政策信号。2011 年 3 月，中共中央“十二五”规划纲要明确提出“积极应对全球气候变化，逐步建立碳排放交易市场”。2012 年 11 月，党的十八大报告也提出了“积极开展节能量、碳排放权、排污权、水权交易试点”的工作要求。2013 年 11 月，《中共中央关于全面深化改革若干重大问题的决定》（以下简称《改革决定》）提出“完善主要由市场决定价格的机制”、“推行碳排放权交易制度”。2014 年 5 月，国务院办公厅《2014—2015 年节能减排低碳发展行动方案》提出了积极推行市场化节能减排机制，“建立碳排放权、节能量和排污权交易制度”。2014 年 8 月，国务院办公厅出台《关于进一步推进排污权有偿使用和交易试点工作的指导意见》，发挥市场机制作用，形成有效的激励约束机制，推进环境保护和污染物减排，到 2017 年底基本建立排污权有偿使用和交易制度。2015 年 1 月 1 日，史上最严新环保法实施。2015 年 1 月，《碳排放权交易管理暂行办法》实施。2015 年 11 月，中共中央关于制定国民经济和社会发展第十三个五年规划的建议再次提出“建立健全……碳排放权初始分配制度……培育和发展交易市场”。2016 年 1 月 22 日，发改委公布《国家发展改革委办公厅关于切实做好全国碳排放权交易市场启动重点工作的通知》（以下简称《通知》），部署碳排放权交易市场建设相关工作。《通知》明确，将在 2016 年出台并实施全国碳排放权交易体系中的配额分配方案，2017 年启动全国碳排放权交易，实施碳排放权交易制度。这些政策的密集出台，表明国家对碳交易市场的建立在政策上的坚定支持，为碳排放配额交易市场的快速发展奠定了基础。

2. 巨大的供给和需求

从市场供给来看，首先是 CDM 市场，根据前文的分析，目前，我国是世界上主要的 CDM 项目供给者，根据联合国开发计划署的统计显示，中国提供的二氧化碳减排量已经占到全球市场的 1/3 左右，占联合国发放全部排放指标的 41%，依托 CDM 项目的碳市场在我国应该有非常广阔的发展空间；其次是碳交易市场，全国 7 个碳交易试点地区纳入碳排放交易体系的配额总量达到约 12 亿吨，控排企业纳入 2000 余家，已成为全球第二大碳交易体系（紧随欧盟碳交易市场），并且随着我国全国性统一碳排放配额交易市场的深入发展，碳市场的供给也会日益增加；最后是潜在市场，2014 年 12 月，国家发改委副主任解振华表示，初步估计 2014 年全国单位 GDP 能耗下降 4.6%—4.7%，超额完成年初预定的 3.9% 以上的目标，而 2015 年 2 月，工信部网站数据也显示 2014 年我国淘汰落后炼钢产能 3110 万吨、水泥 8100 万吨、平板玻璃 3760 万重量箱，超过年初预定的目标任务，这些降低的能耗和淘汰的产能背后，是减少的大量温室气体排放，产生不少碳排放权的供给。

从市场需求来看，一方面是政策需求，短期内，根据《2014—2015 年节能减排低碳发展行动方案》，2015 年，单位 GDP 能耗、化学需氧量、二氧化硫、氨氮、氮氧化物排放量要下降 3.9%、2%、2%、2%、5% 以上，单位 GDP 二氧化碳排放量下降 4%，长期来看，中国政府的哥本哈根承诺，对国内碳市场产生了巨大的政策需求；另一方面是现实需求，由于国内碳排放配额交易市场尚未形成规模，我国企业参与国际碳交易的形式主要是 CDM 项目输出，而我国 CDM 项目又缺乏定价权，我国企业在国际碳交易中始终处于劣势地位，常常受制于人，这些企业对国内碳市场的交易需求非常强烈，它们迫切需要公平公正的交易平台来实现价值。而国际上很多发达国家为完成《京都议定书》目标，既希望通过购买更多的CERs或ERUs来实现，也觊觎中国巨大碳市场蕴含的潜在减排潜力。另外，国际上成熟的碳基金、碳中介等都期望在新兴的中国碳交易市场上分一杯羹。

（三）我国碳交易市场的约束条件

我国碳排放配额交易市场依然处在试点阶段，国家发展改革委气候司国内政策和履约处处长蒋兆理曾表示，我国将在2016年启动全国碳市场，但我国碳交易市场也存在不少问题。

1. 缺乏微观制度保障

虽然我国碳交易市场的建立已经具备了国家层面上的政策保障，但涉及碳市场微观层面的制度保障尚不健全，目前仅有各个排放权交易所自行制定的交易规则，政策零散且滞后于市场的发展。涉及市场交易透明性、公开性的制度更是寥寥，很多市场参与者不知道配额卖给谁，找谁买。有些部门对于出台什么制度，何时出台制度尚未有清晰的认识，和碳交易相关的财税支持政策、监管政策和制度也比较缺乏，这会对我国碳排放配额交易市场的发展产生束缚。

2. 总量控制和碳强度分裂

中国虽然不承担减排义务，但提出了单位GDP二氧化碳排放强度下降的目标。碳强度是一个相对概念，是在不断变化中的；而碳交易市场是一个总量控制的市场，要求的是绝对控制，是一个绝对指标。如何将目前分裂的“相对指标”和“绝对指标”有效结合起来，是我国碳交易市场发展面临的困难，世界上也没有先例。

3. 缺乏有效率的初始配额分配

配额分配是碳交易的基础。如何公平和有效率地分配初始配额，对我国碳排放配额交易市场来说，依然存在很大困难。从试点情况来看，免费分配是可以采用的主要方式，但怎样免费分配，是全部免费还是部分免费？是全国设置总量自上而下分配，还是分省市区确定限额自下而上完成？免费分配时，是根据人均 GDP、能耗强度还是碳生产力（单位二氧化碳排放产出的 GDP）？这些问题在我国碳市场发展过程中都需要逐一明确。

4. 减排行业单一

碳排放配额交易涉及一系列的合约的执行和监督，遵约成本较高，因此我国的碳交易市场涉及的减排行业主要是高耗能行业，这些行业有两个显著特点：一是行业的市场化程度不高，普遍存在垄断的企业，它们参与碳交易的积极性不高，某些行业还存在政府干预；二是行业的整体技术水平偏低，能源消耗强度、碳排放强度依然较高。当然，减排的潜力也比较大，碳交易机制可以倒逼企业提升产业技术水平，增加技术储备，推进节能减排工作。单一的减排行业最终会导致“碎片化、零散”的交易，无法形成统一的和活跃的碳排放交易市场体系。

5. 相关配套服务匮乏

我国目前开始实施的碳排放配额交易机制尚在起步阶段，完整的碳交易市场所必需的配套金融服务、人才储备匮乏。银行、证券、保险、基金、信用评级和中介等组织服务机构，尚未形成。另外，既熟悉碳交易基本操作流程，又熟悉国家环境能源政策和法规的碳交易专业人才异常缺乏，这是我国碳交易市场发展的一大“瓶颈”。

五　全国性碳交易市场体系构建的必要性

一方面，全球碳排放交易市场飞速发展，发达国家已经建立了自己的交易体系，带动了本国产业的低碳革命，并在碳资产全球化的浪潮中不断分享收益；另一方面，中国虽然已经开始试点碳排放配额交易，但从上述分析来看，“碎片化”的试点交易仍然存在很多问题。因此，以下从三个方面来论证我国全国性碳排放配额交易市场体系构建的必要性。

1. 全国性碳市场的构建是我国经济可持续发展的现实选择

我国经济发展突飞猛进，经济总量在2010年中期就超过日本成为世界第二经济大国，国际经济影响力日益增强。然而，由于我国能源结构和产业结构不甚合理，我国经济增长带来的环境污染问题也日益严重。而且，可以预见，伴随着大规模的城市化和基础设施建设，我国未来经济的高速增长依然会导致高位的能源资源消耗和污染物排放。不少研究（魏一鸣等，2006；IEA，2007；冯之浚等，2008）也都提出我国碳排放进一步增长的压力依然很大，中国碳排放峰值也即将到来。2009年，国家发改委能源研究所提出的时间是2020年，根据潘家华等（2003）的研究，常规情境下至少要到2050年，而近日，国家发改委副主任解振华提出，我国可能在2015年上半年达到碳排放总量峰值的时间[①]。

要解决我国经济增长的高排放、高污染、高消耗问题，必须改变我国能源的消费结构，提高能源使用效率，走可持续的经济发展之路。而碳排放配额交易市场的构建，将会通过市场手段提高资源利用效率，激励企业转变生产方式，转变产业结构，最终将有力地改善我国经济的粗放型发展。全国性碳交易市场的建立既是我国构建资源节约型、环境友好型社会的需要，也是中共中央"改革决定"中加强生态文明制度建设的重要组成部分。

2. 全国性碳市场的构建是应对国际气候变化谈判压力的迫切需要

中国历来主张的是"共同但有区别的责任"（Y. M. Wei 等最近做了定量分析），然而，随着中国经济的迅速崛起，国际社会要求中国在气候问题上承担更多责任

① 国家应对气候变化战略研究和国际合作中心网站，2014年7月。

的呼声也越来越高，尽管中国一再强调自己是发展中国家，发达国家应承担更多责任，但发达国家坚持认为中国温室气体排放量居全球第一，理应做出更多让步，进一步挤压中国的经济利益和发展空间，制约中国经济发展。

国际气候问题谈判，迫切需要中国建立自己的碳排放配额交易体系，凭借中国广阔的项目空间和减排潜力，大力推进碳市场建设，这既是对国际气候变化谈判压力的回应，也是实现中国减排承诺目标的切实路径。全国碳市场的构建可以有效改变各区域碳交易市场割据的现状，既有利于从总量上完成减排目标，应对发达国家的发难，又可以消除由于地区经济发展和人口数量不同带来的人均碳排放差异过大的问题，完成全国人均碳排放和单位 GDP 碳排放降低的目标。

3. 全国性碳市场的构建是我国紧跟国际碳金融市场发展步伐的必然趋势

低碳经济是全世界未来经济发展的基本趋势，就好像工业革命一样，低碳经济带来的将是彻底的变革，是全世界关注的重要投资领域。从我国经济发展现状、产业结构现实和环境资源国情来看，低碳经济也是我国未来经济发展的必由之路。而碳排放权交易机制被认为是发展低碳经济的重要手段和主要内容，它承载了低碳经济模式的发展前景和未来期望。

碳金融市场体系包括碳交易市场及衍生品交易、低碳项目开发的投融资和其他金融相关中介活动，随着碳交易市场的兴起和活跃，国际金融市场和金融体系将会发生重大变化，碳金融有可能成为未来国际金融秩序的关键影响因素，掌握碳金融市场话语权至关重要。当务之急，我国必须加快建设国内统一的碳交易市场，繁荣碳排放配额一级市场，早日推出碳金融衍生品市场，紧跟国际碳金融市场发展步伐，谋局国际碳市场，争取早日成为国际碳金融市场的中坚力量，这也是我国发展低碳经济的核心内容。

六　全国性碳交易市场体系构建的可行路径分析

碳交易市场体系的构建世界上没有统一的模式，国际成熟碳市场的发展也不是一蹴而就的，我国的碳排放配额交易市场体系的构建应根据我国经济、环境和产业结构现状综合考虑，本书拟从以下几个方面提出我国碳市场构建的可行路径。

1. 先地区试点，后全面推进

碳排放交易市场完整体系的建立一般都是首先选择小规模的试点城市，从中发现问题、总结经验后再由点到面地展开。考虑到中国经济的增速，不少专家和政府相关部门也提出可以在特定地区特定行业试点碳排放配额交易即“双特”交易。2012 年年初，国家发展改革委批准北京、上海、天津、湖北、广东、深圳、重庆 7 个省市开展碳排放权交易试点工作，中国碳排放权交易市场的构建迈出了实质性的一步。随着全面试点的展开，我国统一的碳排放配额交易市场建设正在提速中，在 2014 年中国低碳发展战略高级别研讨会上，国家发改委应对气候变化司副司长孙翠华透露，全国统一碳市场计划于 2016 年运行。

2. 先行业试点，后强制减排

纵观国际碳排放配额交易市场的发展，强制减排体系的建立是碳市场的主流模式，而且，由于没有强制性减排约束目标，中国企业不会有买的动力，只有强制减排才有大规模碳排放的买和卖。因此，我国碳排放配额交易市场的构建，应该在目前部分行业试点的基础上，尽快扩大范围，借力于"十二五"规划纲要，试行强制性减排机制。

3. 先政府引导，后市场主导

在碳排放配额市场的构建和发展过程中，政府角色非常关键，和传统的政府命令—控制型管理不同，政府在碳市场中扮演的角色主要包括：碳排放权法律地位确定，减排总量约定，参与交易企业范围划分，碳排放配额初始分配方式的选择，交易市场的监管、核查、风险防范等。

4. 先站稳国内市场，再谋求国际竞争

我国碳排放配额交易市场尚处在试点阶段，当前的首要任务是，在区域试点基础上，尽快建立全国统一的交易市场，尽快完善碳交易市场体系的各项规章制度和法律法规。与国际成熟碳市场相比，目前分散而孤立的碳市场不论在交易量上还是在功能上都存在较大差距，建立全国统一的碳市场，能够整合各种资源，为买卖双方提供一个更加开放的信息交易平台，逐渐培育一个稳定健康的市场体系，待条件成熟后，再择机选择与国际碳市场接轨的方式。

5. 先发展基础碳交易，再创新碳金融产品

我国碳市场发展尚不完备，风险防范和控制还不成熟，目前各个交易所风险控制手段也不一致，对收盘价、涨跌幅和持仓量的规定也不一样。因此，我国首先应该做好基础交易产品，发展好国内一级市场后，再考虑开发系列碳金融衍生产品，满足市场参与者套期保值的需要。

第三章　全国性碳交易市场体系构建的实证研究

中国碳排放权交易市场的构建试点之后，我国碳交易市场该如何推进？面对各省争相筹建碳交易平台，每个省份是否有必要都建立碳交易中心？本章的研究旨在探讨中国碳排放市场体系的构建问题。国内外关于碳排放交易市场体系的文献中，具体涉及市场选择的研究很少，王毅刚认为这是每个国家减排行业的选择、政治体制的特点（如不存在中央指导地方的可能）决定的。首先，提出碳排放交易市场参与城市的关键指标及选择标准。其次，选取了全国30个省市自治区（不包括港澳台及西藏）2005—2012年的面板数据，计算各个指标值，并进行系统聚类分析，对分析结果做出详细分析。最后提出了研究结论。

一　碳交易市场构建的关键指标及标准

（一）指标选取的依据和原则

联合国可持续发展委员会（UNCSD）在1995年批准实

施的“可持续发展指标工作计划”（CSD Work Programme on Indicators of Sustainable Development）（1995—2000 年），专门研究可持续发展评价的指标体系，该计划分 3 个阶段进行，于 2001 年出版《可持续发展指标：指导原则和方法》报告，详细介绍了其指标体系、阐述了指标概念及其方法，联合国可持续发展委员会（UNCSD）提出的驱动力—状态—响应（Driving Force - Status - Response，DSR）模式给本书的指标构建提供了参考，DSR 被认为是研究环境—经济—社会三大系统协调发展的基本框架，广泛应用于各种不同领域（张志强、程国栋）。考虑到碳交易市场构建时需要考虑的基本要素就是城市的经济发展水平和环境承载能力，因此，本书一级指标构建就采用了上述体系中的驱动力和状态因素来反映城市发展内在驱动力和参与碳交易的承载力。

本书二级指标的构建参考了庄贵阳、潘家华、朱守先在研究低碳城市发展综合评价指标时的做法，他们认为评价一个经济体低碳转型的基础时要考虑四个核心要素：资源禀赋、技术进步、消费模式和发展阶段，因此，本书在构建二级指标时，也借鉴上述要素，将驱动力和状态进一步细化，结合碳交易市场的特征，得到了 8 个二级指标。

所有指标的选取都遵循以下原则：（1）指标的简洁性、代表性。指标选取要有比较强烈的辨识度，可以用来区分不同城市碳市场的特点。（2）指标的科学性、可比性。尽量采用可比性较强的指标，采用具有共性特征的指标，使得不同城市间碳交易市场可以鉴别。（3）指标的实际可操作性。指标要尽可能反映碳交易市场构建的不同方面，但也要选择现行统计资料中可以获取的客观指标，保证操作简单可行。

（二）碳交易市场的构建指标

1. 城市发展的驱动力因素

一个城市的社会经济发展到一定阶段就会具有向资源节约型、环境友好型城市转变的内在动力和诉求，因此构建碳交易参与城市发展的驱动力指标，首先应该考虑该城市的能源消费结构、能源效率、碳排放强度和限排行业（根据国际经验，主要选择火力发电行业）的竞争力等。用煤炭、原油、天然气三种主要的一次性能源消费占能源消费总量的比例来表示能源消费结构，用单位地区生产总值能耗表示能源效率，用人均碳排放和单位地区生产总值碳排放表示碳排放强度，能源消费结构不合理、利用效率低直接影响着经济活动的碳排放强度，碳排放强度的不断增高已经对城市发展形成了强制性约束，是促使这些城市积极参与碳交易的主要动因；我国多数城市的火力发电主要采用碳排放密集度较高的煤炭，这些行业的迁移成本，特别是沉没成本较高，碳交易市场的建立不可避免地会增加这些企业的边际成本。因此，本书用火力发电量占总发电量的比例来反映城市的火电行业竞争力（见表3-1）。

表 3-1　　城市发展的驱动力因素

驱动力因素指标	指标含义
能源消费结构	煤炭、原油、天然气三种主要的一次性能源消费占能源消费总量的比例
能源效率	单位地区生产总值能耗
碳排放强度	人均碳排放和单位地区生产总值碳排放
火电行业竞争力	火力发电量占总发电量的比例

2. 城市的发展状态

发展状态指标反映了城市参与碳交易市场的承载力。尽管碳排放交易市场机制本身并不会对经济增长产生影响（陈洪波，2010），但强制性的减排目标会在一定程度上减缓地方经济的发展。因此，城市发展状态指标首先应该包含区域经济发展水平和产业结构特征。本书选择了人均地区生产总值、第三产业增加值比值这两个指标。显然，具有产业竞争优势且经济发展水平较高的城市，碳排放的增速相对而言会比较缓慢，开展碳交易所涉及的产业规制对经济影响较小；资源禀赋是实现低碳经济的物质基础，特别是能够提供碳汇的城市自然资源禀赋，它是应对气候变化、承载碳交易市场的重要物质基础，本书选择森林覆盖率这个主要指标，研究碳汇对城市发展状态的影响（见表 3-2）。

表 3-2　　城市的发展状态指标及含义

发展状态指标	指标含义
人均地区生产总值	区域经济发展水平
第三产业增加值比值	产业结构特征
森林覆盖率	承载碳交易市场的重要物质基础

二　变量与数据来源

本书以我国 30 个省市自治区（不包括港澳台及西藏）2005—2012 年的面板数据为样本。试点城市发展的驱动力指标，包含三种主要的一次性能源消费占比 x_1（%），单位地区生产总值能耗 x_2（吨标准煤/万元），人均碳排放 x_3（吨/人），单位地区生产总值碳排放 x_4（吨/万元），火力发电量占比 x_5（%）；描述城市发展状态的指标有人均地区生产总值 x_6（万元/人），第三产业总值占比 x_7（%），森林覆盖率 x_8（%）。基本统计数据来自 2006—2013 年《中国统计年鉴》，相关的能源数据来自 2013 年《中国能源统计年鉴》，选取各省份消耗的煤炭、原油和天然气数据，按照能源折算标准煤系数统一换算为标准煤计算，其中煤炭 0.713 千克标准煤/千克，原油 1.4286 千克标准煤/千克，天然气 1.33 千克标准煤/立方米。二氧化碳排放量的估算方法是参考 2006 年 IPCC 为《联合国气候变化框架公约》及《京都议定书》所制定的国家温室气体（主要构成物是二氧化碳）清单指南第二卷（能源）第六章提供的计算方法。二氧化碳排放总量计算依据是根据煤炭、原油和天然气所导致的二氧化碳排放估算量相加得到，具体公式为：

$$CO_2 = \sum_{i=1}^{3} CO_{2,i} = \sum_{i=1}^{3} E_i \times NCV_i \times CEF_i \times COF_i \times (44/12)$$

其中，CO_2 代表估算的二氧化碳排放量，$i=1$，2，3分别代表煤炭、原油和天然气这三种一次能源，E_i 代表它们的消耗量，NCV_i 是《中国能源统计年鉴》提供的三种一次能源的平均低位发热量，CEF_i 是 IPCC（2006）提供的碳排放系数，COF_i 是碳氧化因子，44 和 12 分别为二氧化碳和碳的分子量。样本数据的描述性统计如表 3－3 所示。

表 3－3　　我国 30 个省市区基本数据的描述性统计

变量名	单位	平均值	标准差	最大值	最小值
一次性能源消费占比	%	0.8668	0.2331	1.3275	0.4430
单位地区生产总值能耗	吨标准煤/万元	1.4314	0.7037	3.56	0.6542
人均碳排放	吨/人	8.0831	3.4768	16.379	3.5086
单位地区生产总值碳排放	吨/万元	3.3615	1.5266	7.7252	1.5592
火力发电量占比	%	0.7881	0.2191	0.9929	0.2564
人均地区生产总值	万元/人	2.8916	1.5272	6.8331	1.1205
第三产业总值占比	%	40.243	7.9976	74.196	29.625
森林覆盖率	%	29.868	17.551	64.5	3.55

三　基于系统聚类的分省碳交易分析

聚类分析是处理多指标分类问题的常用方法，它将没有类别标记的样本集按某一准则分类，使差异尽可能小的样本归为一类。本书选取上述8个变量作为聚类指标，指标数据标准化处理后，选择中间距离法进行系统聚类分析，得到四大类样本数据（见表3－4和图3－1）。

表3－4　　我国30个省市区驱动因素和发展状态分类结果

类别	相应省市区
第一类	上海、北京
第二类	山西、内蒙古、宁夏
第三类	浙江、江西、福建、湖北、湖南、广东、广西、云南、四川
第四类	天津、河北、黑龙江、吉林、辽宁、江苏、安徽、山东、河南、海南、重庆、贵州、陕西、甘肃、青海、新疆

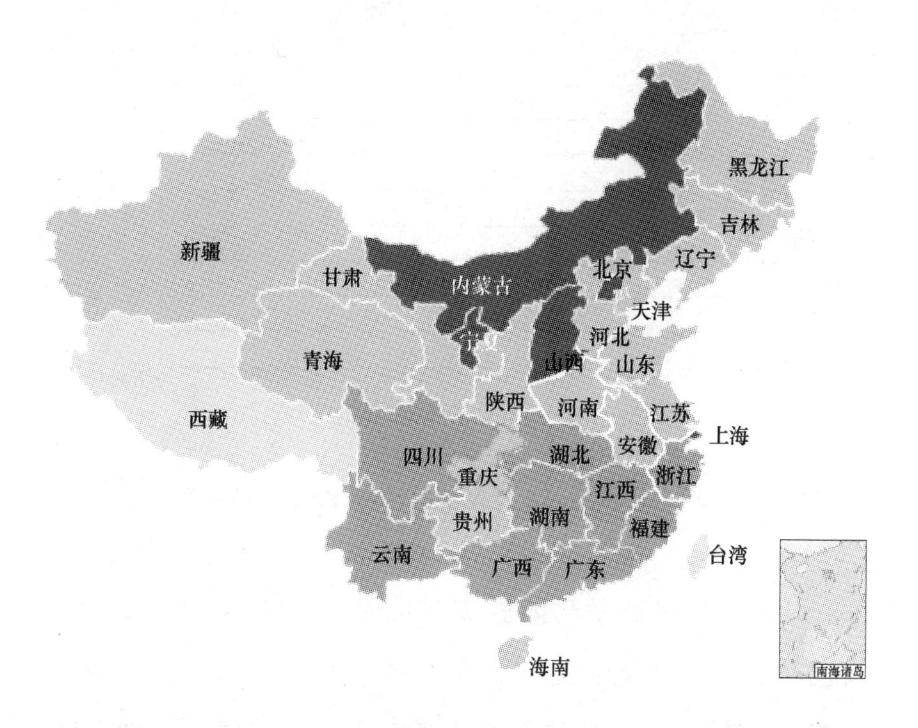

图3－1　中国（除香港、澳门、台湾、西藏外）各省市区系统聚类分析结果

第一类为上海、北京。其经济发展水平和产业技术水平高，人均地区生产总值居全国第一位和第二位，产业结构中，第三产业总值占比也位居第一位和第二位；上海、北京的人均碳排放达到12.717吨/人和9.715吨/人，超过了全国平均水平，火力发电占比也居全国的第一位和第四位；在选取了2005—2012年北京、上海的相关样本数据分析后发现，以2008年金融危机为界限，人均碳排放随着地区经济的增长，分两段呈现出先缓慢增加后急剧下降的倒"U"形（如图3-2所示），反映了这两个城市在经济发展的同时，环境质量逐渐改善。

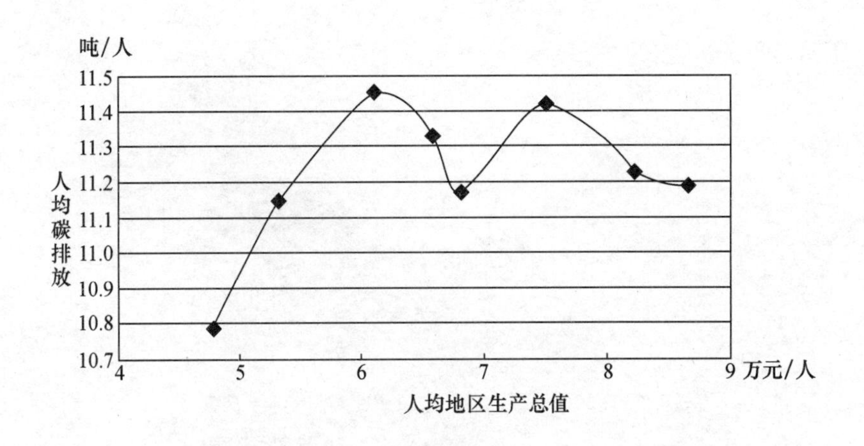

图3-2 人均地区生产总值和人均碳排放之间的关系

从实施碳排放交易的政策环境来看，2008年北京和上海已经成立了环境交易所，在开拓自愿减排市场、培育中国本土买方市场方面发挥了重要作用，也积累了开展专业碳排放交易的初步经验。因此，上述城市已经既具备了开展区域碳排放交易试点坚实的经济基础和政策基础，又具有开展碳排放交易试点的客观需求和动力。

第二类为宁夏、山西、内蒙古。这三个省区的特点是三种主要的一次性能源消费占比高，产业结构以高耗能产业为主，每万元单位地区生产总值能耗和人均碳排放在全国排名第一位、第二位、第三位，是典型的高排放、高耗能、高污染城市。这些城市的首要任务是加大企业技术改造力度，加快产业结构调整，转变经济增长的投入驱动型方式，降低碳排放强度，然后再考虑该区域的碳排放交易试点。

第三类包括浙江、江西等9个省区。其平均森林覆盖率为48%，碳汇建设显著高于全国平均水平（见图3－3）。进一步研究发现，在构建碳交易市场时这9个省区可以按照上述两个指标从驱动力因素和城市发展状态细分为两大区域：浙江、广东、福建东南沿海地区；四川、云南、广西、湖南、湖北、江西中西部地区。浙江、广东、福建三省人均地区生产总值、人均碳排放和第三产业总值占比位于这9个省区的前三位，单位地区生产总值碳排放位于这9个省区的后三位，经济发展较快，产业结构不断优化，可以在浙江、广东、福建进行碳排放交易市场的试点建设，探索区域经济发展和碳排放降低的“双赢”举措；剩余6个省区除森林覆盖率之外的其他7个指标值均低于全国平均水平，良好的自然资源能够抵消和吸收一部分由经济增长带来的碳排放的增量，因此这些地区的重点工作依然是着力推动经济增长。

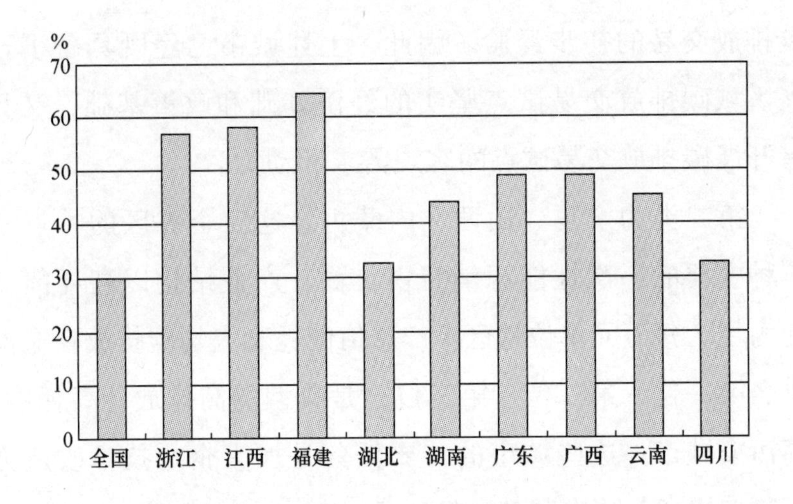

图 3-3 第三类 9 个省份的森林碳汇情况

第四类包括天津、河北等 16 个省市区。包含黑龙江、吉林、辽宁东北老工业地区；天津、河北环渤海湾地区；江苏、山东、安徽东部城市；河南、重庆、贵州、陕西、甘肃、青海、新疆中西部地区和海南。天津、河北两省市的人均碳排放和火力发电量占比列 16 个省份的第一位和第二位，限排行业的减排压力较大，特别是天津，人均地区生产总值 6.2565 万元/人，排名第一位，经济快速增长的同时也消耗了大量的能源，导致了日益增加的碳排放量。可喜的是，天津 2008 年就成立了排放权交易所（TCX），积累了二氧化硫、化学需要量等主要污染物交易的经验，在该城市试点碳排放交易可以有效保证环渤海湾地区经济的可持续发展。东北三省和河南、重庆等中西部地区在国家"振兴东北"、"中部崛起"、"西部大开发"战略推动下，不断加大对基础设施的投资，一次性能源消费占比 0.9644%，单位地区生产总值能耗 1.8272 吨标准煤/万元，均超过国家平均水平。上述地区应注重改善能源消费结构，提高能源利用效率，摆脱经济增长对能源消耗的依赖，可以先不考虑碳排放交易市场的构建。江苏等东部城市，经济发展较快，电力消耗巨大，而这其中火力发电占比达 0.9725%，这些省份具备一定的经济基础，可以考虑在火力发电行业试点碳排放交易，一方面可以促进企业提高煤炭利用效率，加大技改投入；另一方面也可以有效缓解这些省份的减排压力。海南省具有独特的地理位置，良好的生态环境，但近几年随着国家对海南政策扶持和财政投入的加大，能源消耗量剧增，碳排放量的增幅略高于地区生产总值的增幅（见图 3－4）。当前，海南省应统筹考虑经济增长和二氧化碳排放问题，突破碳排放增加对经济发展形成的刚性约束，实施发展型减排。

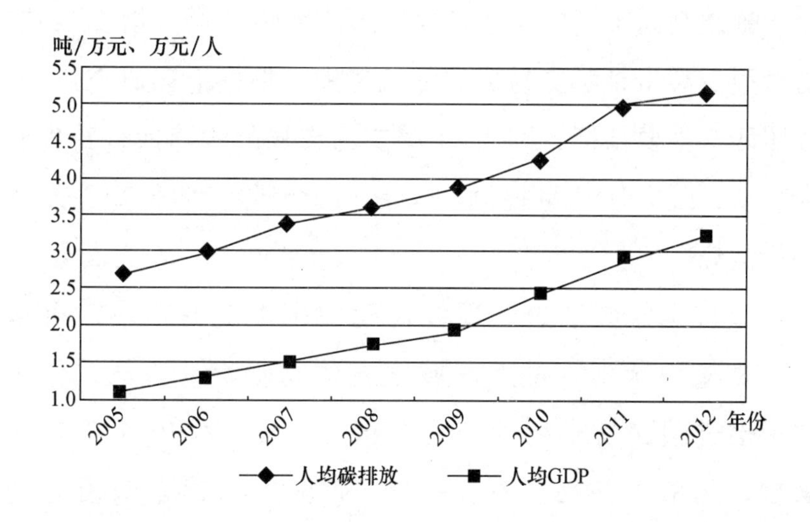

图 3－4　海南省经济增长与二氧化碳排放关系

四　全国性碳交易市场体系构建的研究结论

本章根据联合国可持续发展委员会提出的 DSR 模型，选取了反映碳排放交易内在因素的驱动力指标和反映碳排放交易城市承载力的发展状态指标，基于中国 30 个省市区（不含港澳台及西藏）2005—2012 年的面板数据进行系统聚类分析，得到了如下结论。

（1）全国性碳交易市场的建立，不应“分省而治”。越来越多的省市区争相建立碳交易平台，想利用“先动优势”，在未来的碳交易市场中分“一杯羹”，但简单地依靠行政区划建立碳交易市场不仅造成资源的极大浪费，而且会干扰碳交易市场的正常秩序，最终面临“僧多粥少”，交易量很少甚至是零交易量的尴尬境地。根据上述研究结论，按照两个主要指标，图 3－1 碳交易市场的构建适合跨省联合行动，既方便总量控制，又有利于消除行政壁垒，发挥区位优势。

（2）应分层推进、逐级构建中国碳交易市场。可以考虑在核心城市、重点区域率先建立碳交易市场，作为中国推进碳交易市场的“先行区”，从上述 30 个省市区来看，北京，以及上海、浙江、广东、福建东南沿海地区，天津、河北环渤海湾地区，江苏、山东、安徽东部城市区，可以作为构建碳交易市场的“第一梯队”；内蒙古、宁夏、山西、黑龙江、吉林、辽宁东北老工业地区作为“辅助性”碳交易城市；其他地区作为碳交易市场构建的第三层次，逐步建立跨地区、全方位、分层次的碳交易市场体系。

从纵向来看，在现行的碳交易试点成熟后，可以考虑建设区域性碳交易市场，如长三角、珠三角等，本章的实证研究表明，这种区域性市场可以避免资源浪费，消除行政壁垒，形成规模优势，形成区域溢出效应，然后再建立全国性碳交易市场；从横向来看，应逐步拓展限排行业。根据国际经验，目前的试点多是选择高能耗、高排放、高污染行业，但必须看到，这些行业也是我国经济发展的基础，经济增长必然会继续带来排放增加，碳交易也会增加这些行业的减排成本，在总量控制的前提下，可以丰富限排行业，特别是那些产业技术上有提升空间，限排成本也有降低可能的行业。

（3）中国碳交易市场构建时应首先考虑火电行业的碳交易市场。一方面，我国大部分省份都采用燃煤发电，燃煤能源利用效率有很大的提高潜力，在技术上存在进一步提升的空间，具有减排成本优势；另一方面，燃煤发电产生的污染严重，火电行业碳交易的推行对我国实现整体减排目标贡献巨大。

要充分考虑碳交易市场对经济发展的影响。碳交易市场的建立短期内会对经济增长产生一定影响，主要表现在总量控制影响到部分企业，尤其是减排成本较高的企业；交易机制的各个环节，如配额分配方式，也会影响企业减排成本，进而造成企业利润降低。

第四章　中国碳交易市场减排成本研究

为应对气候变化，无论哪种减排措施，一方面肯定会对经济发展造成一定的影响，付出一定的代价；另一方面又会带来经济的长远可持续发展，这就涉及碳减排的成本和收益问题。

本章主要从减排成本视角研究我国碳排放配额交易市场。首先，对减排成本相关问题做了文献综述；其次，从微观视角，构建参与交易企业的减排成本函数，运用博弈理论分析企业减排成本对企业参与交易积极性的影响；最后，从宏观角度，运用期权模型计算约束性碳减排目标对每个省市区带来的刚性减排成本，进而提出碳交易市场发展的政策建议。

一　减排成本相关问题综述

1. 国际碳减排成本相关问题研究

W. Kim 等研究了碳成本对批发电价的影响，发现在不同的减排情境下，电力企业潜在调度能力的差异性会导致碳成本的传递千差万别。D. A. Castelo Branco 等的研究发现巴西炼油行业二氧化碳边际减排成本很高，在 15% 的折现率下每吨二氧化碳成本达 100 美元。S. De Cara 和 P. A. Jayet 研究了欧洲农业温室气体排放的边际减排成本后认为，实现农业排放降低 10% 的目标，总量控制和交易系统可以减少总成本。M. G. J. den Elzen 等研究了哥本哈根协议导致的全球减排成本问题，他们发现到 2020 年，若 2/3 的附件一国家完成减排目标，全球减排成本为 600 亿—1000 亿美元，若取消 2/3 的减排目标，则国际碳价将翻倍，同时减排成本会下降大约 25%。杨来科、张云发现能源价格与碳减排边际成本之间存在的内在互动机制是影响全球能源消耗、碳交易价格形成以及减排政策选择的重要因素，有助于对能源要素市场变化引起的全球减排结果做出预判。T. Xu 等估计了美国纸浆和造纸业利用能源效率技术后的节能减排成本，得到有效的成本选择可以使最终能源消费每年节约 15%—25%，每年碳排放量减少 14%—20%。P. Wächter 从家庭、服务、交通和能源四个部门分析了澳大利亚的边际减排成本曲线后发现，澳大利亚的减排潜力在 45.4 百万吨的二氧化碳当量。D. K. Foley 等从福利经济学角度研究了碳交易的社会成本问题，认为成本估计问题取决于具体的政策情景，只有当政策清晰时这样的估计才有意义。C. C. Chao 运用模型估计了民航货物运输的碳排放成本，认为碳交易价格会影响碳排放成本。R. F. Calili 等也提出巴西能源效率的适度改善（每年小于1%）保守估计会节约237百万巴西雷塞尔的边际成本，乐观情境下节约268百万巴西雷塞尔。E. P. Johnson在研究区域温室气体减排计划中可再生能源配额制的减排成本时提到总量交易计划二氧化碳的边际减排成本为3美元/吨。

2. 中国碳减排成本相关问题研究

韩一杰、刘秀丽测算了我国实现二氧化碳减排目标所需的增量成本，要实现到2020年单位GDP碳密度比2005年降低40%的减排目标，到2020年每年所需的增量成本约为104亿美元；而当减排目标提高到45%时，到2020年每年所需的增量成本迅速增加到318亿美元左右。范英、张晓兵、朱磊运用基于投入产出的多目标规划对中国二氧化碳减排的宏观经济成本进行了估算，我国2010年二氧化碳减排的宏观经济成本为3100—4024元/吨二氧化碳，减排的力度越大，相应的单位减排的宏观经济成本越高。B. Zhang等提出交易成本非常重要，他们通过实证研究江苏省二氧化硫交易市场后发现交易成本对价格影响不容忽视，它会影响市场交易数量和效率。夏炎、范英通过建立减排成本评估的投入产出—计量优化组合模型，研究了我国减排成本曲线的动态变化，在国际比较的基础上，得到发展中国家减排的宏观经济损失更大的结论，提出了实现我国碳强度减排目标的非等量递增减排路径。Y. Choi等基于松弛因子的DEA模型研究了中国与能源相关的碳排放效率和边际减排成本，得到估算后的碳排放平均影子价格为

7.2 美元。L. Ko 等运用多目标规划方法从中国台湾电力行业供给政策视角研究了碳减排成本，发现核能可以降低电力企业发电和碳排放成本，太阳能技术可以提升其成本竞争力。K. Wang 和 Y. –M. Wei 研究了中国 30 个主要城市的工业能源效率和碳减排成本，发现 2006—2010 年中国主要城市的平均工业碳减排成本为 45 美元，不同城市间影子价格的巨大差异为中国区域碳交易市场的建立提供了可行性。L. B. Cui 等提出中国统一的碳交易市场会降低 23.67% 的碳减排成本。Y. Li 和 L. Zhu 估算了中国钢铁行业的节能成本曲线，常用的 41 种节能技术每吨可以减排二氧化碳 443.21 千克。X. Zhou 等利用距离函数估计了上海制造业的碳排放影子价格后发现，不同模型选择对影子价格影响很大，影子价格和碳强度之间存在负相关关系。他们建议上海市政府采取相应措施改善碳交易市场状况，比如在初始配额分配时考虑交易企业的边际减排成本等。魏楚发现中国城市在二氧化碳减排边际成本上存在巨大差异性，识别出了导致城市边际减排成本差异的可能原因。D. Wu 等的实证研究表明，京津冀区域联合污染控制有利于降低碳减排成本。

二　参与碳交易企业的减排成本分析

碳排放配额交易是一种以市场为基础的环境经济政策手段，能够促使企业根据市场信息做出有效决策，激励减排成本较低的企业进行较大数量的减排，实现碳排放配额的高效配置和调节，从而降低全社会的二氧化碳减排成本。要保证企业积极参与碳排放配额交易，确保稳定的市场规模，就要求市场参与者的实际收益和可预期的潜在收益大于相应的成本，若企业减排成本过高，影响企业利润，动摇企业参与交易的信心，造成社会收益降低，就无法实现减少排放和经济增长的"双赢"。而且，参与交易的企业在碳排放配额交易中的可能收益不仅取决于企业自身的边际减排成本，也受到其他参与交易企业边际减排成本的影响。因此，本部分将从企业减排成本视角进行研究。

（一）一般减排成本模型分析

为了研究方便，我们提出以下基本假设：

假设 1　碳排放配额交易实行总量控制，碳排放仅来自本区域；

假设 2　政府监管机构知道总减排成本，但不清楚每个市场参与者的减排成本（M. Weitzman）；

假设 3　市场中的交易费用可以忽略不计(R. N. Stavins)；

假设 4　碳排放配额交易前后资源都得到最优利用。

假设碳排放配额交易市场上有 n 个参与企业，第 i 个企业的碳排放量为 E_i，减排成本为 $C_i(i=1, 2, \cdots, n)$，成本函数满足 $\frac{\partial^2 C_i}{\partial E_i^2}<0$，碳排放配额总量为 $\overline{X}$，政府的目标函数和约束条件是：

$$\min_{E_i} \sum_{i=1}^{n} C_i(E_i)$$

$$s.t. \sum_{i=1}^{n} E_i \leqslant \overline{E}$$

若碳排放配额市场的价格为 p，每个企业的初始配额为 E_i^0，则第 i 个市场参与企业在最小化减排成本函数 $C_i(E_i)$ 时，可以从其他 $n-1$ 个企业中购买配额 E_{si}，或者向其他企业出售多余配额 E_{it}，从而得到参与交易企业的最优化问题：

$$\min_{E_i, E_{si}, E_{it}} C_i(E_i) + p(E_{si} - E_{it})$$

$$s.t. E_i \leqslant E_i^0 + E_{si} - E_{it}$$

$$E_i,\ E_{si},\ E_{it} \geqslant 0$$

该最小化问题的拉格朗日函数为 $L = C_i(E_i) + p(E_{si} - E_{it}) + \beta(E_i - E_i^0 - E_{si} + E_{it})$，很显然，若 $-\frac{\partial C_i\ (E_i^0)}{\partial E_i} < p$，则企业会出售其配额；反之，则购买。因为碳排放交易是总量控制的，所以任何一个参与交易的企业都会选择成本最低的途径实现自身的减排目标，边际减排成本较高的企业可以通过购买碳排放配额的方式达到降低碳排放的目的，边际减排成本较低的企业努力降低排放，将多余的配额放在市场出售以获取收益，最终碳交易市场上所有企业都将以最低成本实现有效减排，环境资源得到高效配置。

在第三章研究基础上，考虑到我国碳排放配额交易市场可能存在的市场结构，下文进行多方交易减排成本研究时，仅选择三家企业进行代表性的分析，不影响一般结论。

（二）多方交易时减排成本分析

接下来，本书将以三家参与碳交易的电力行业为例进行详细的减排成本分析。我国的电力行业中不同发电企业存在显著的规模、技术和成本差异，假设碳排放配额交易仅在这三家企业之间发生，三家企业根据总量控制要求削减二氧化碳排放总额为 $3E$，三家企业降低排放量 E 的边际减排成本分别为 C_1，C_2，C_3，且 $C_1 > C_2 > C_3$。企业是理性的参与人，企业策略选择的依据是能否最大化自身利益，即取决于企业减排成本。

1. 企业减排成本核算

若第 i 个企业在参与交易前后的减排成本为 TC_i^0 和 TC_i，则降低等量二氧化碳企业减排成本差异是 $S_i = TC_i^0 - TC_i(i = 1,2,3)$，而 $TC_i^0 = \int_0^E MC_i \mathrm{d}q = \frac{1}{2}C_iE$ 是企业参与交易前为减排 E 所支付的减排成本，这里 MC_i 是企业的边际减排成本，记 q_i，表示企业在碳排放配额交易市场上购买或出售的配额数量，则 $TC_i = \int_0^{E-q_i} MC_i dq + pq_i = \frac{1}{2}C_i(E - q_i) + pq_i$，即企业参与碳交易后所付出的总成本，包括购买的成本（或出售的收益）及自身减排的成本。

2. 三方交易时的减排成本

若三家企业同时参与碳市场交易，由于企业 1 的边际减排成本最高，在市场达到均衡时，碳交易市场达到出清价格 p，企业 1 买入配额 q_1，企业 2 和企业 3 分别出售配额

q_2 和 q_3，且满足 $q_1 = q_2 + q_3$。只要保证足够小的碳排放配额交易成本 σ，在达到市场出清条件时，参与交易的每个企业将具有相同的边际减排成本，且都等于出清价格，所以，上述参与碳排放配额交易的三家企业的边际减排成本为 $C^* = p$。

企业 1、企业 2、企业 3 节约的减排成本分别为：

$$S_1 = \frac{1}{2}C_1E - \left[\frac{1}{2}C^*(E - q_1) + pq_1\right] = \frac{1}{2}(C_1 - C^*)q_1$$

$$S_2 = \frac{1}{2}C_2E - \left[\frac{1}{2}C^*(E + q_2) - pq_2\right] = \frac{1}{2}(C^* - C_2)q_2$$

$$S_3 = \frac{1}{2}C_3E - \left[\frac{1}{2}C^*(E + q_3) - pq_3\right] = \frac{1}{2}(C^* - C_3)q_3$$

这里 $C_1 > C^* > C_2 > C_3$。

进而，只有三家企业参与的碳排放配额交易市场达到市场出清时，它们节约的减排成本总额为：$TS = S_1 + S_2 + S_3 = \frac{1}{2}(C_1q_1 - C_2q_2 - C_3q_3)$。

3. 任意两方交易时的减排成本

为了得到碳交易市场的均衡结果，接下来，我们分析两两交易时的减排成本。

若企业 1 和企业 2 交易，由于企业 1 的边际减排成本较高，所以在市场出清时，企业 1 买入碳排放配额 q_{12}，企业 2 出售配额 q_{21}，且 $q_{12} = q_{21}$，出清价格为 p_{12}，只要交易成本足够小，达到市场出清时，企业 1 和企业 2 的边际减排成本相等且等于出清价格，即 $C_{12} = p_{12}$。企业 1 和企业 2

的减排成本节约分别为：

$$S_{12} = \frac{1}{2}C_1E - \left[\frac{1}{2}C_{12}(E - q_{12}) + p_{12}q_{12}\right] = \frac{1}{2}(C_1 - C_{12})q_{12}$$

$$S_{21} = \frac{1}{2}C_2E - \left[\frac{1}{2}C_{12}(E + q_{21}) - p_{12}q_{21}\right] = \frac{1}{2}(C_{12} - C_2)q_{12}$$

从而得到企业1和企业2交易时节约的减排成本总额 $TS_{12} = \frac{1}{2}(C_1 - C_2)q_{12}$。

同理可以计算得到，企业1和企业3交易时减排成本节约总额 $TS_{13} = \frac{1}{2}(C_1 - C_3)q_{13}$，及企业2和企业3交易时节约减排成本总额 $TS_{23} = \frac{1}{2}(C_2 - C_3)q_{23}$。而且，从上述计算过程我们不难发现，$C_1 > C_{12} > C_{13} > C^* > C_2 > C_{23} > C_3$，$q_1 > q_{13} > q_{12} > q_2$，$q_1 > q_{13} > q_3 > q_2$。

（三）均衡分析

接下来，本书基于博弈论视角，利用完全信息静态博弈分析企业的策略选择，求纳什均衡解。假设 P 表示企业参与碳排放交易，R 表示企业拒绝参加，交易成本为 σ，则三家企业收益矩阵如表4-1和表4-2所示。

表4-1 企业3参与交易时，企业1和企业2的收益

企业1 \ 企业2	P	R
P	$(S_1-\sigma, S_2-\sigma, S_3-\sigma)$	$(S_{13}-\sigma, 0, S_{31}-\sigma)$
R	$(0, S_{23}-\sigma, S_{32}-\sigma)$	$(0, 0, -\sigma)$

表 4-2　　企业 3 拒绝交易时，企业 1 和企业 2 的收益

企业 1 \ 企业 2	P	R
P	$(S_{12}-\sigma,\ S_{21}-\sigma,\ 0)$	$(0,\ -\sigma,\ 0)$
R	$(-\sigma,\ 0,\ 0)$	$(0,\ 0,\ 0)$

显然，企业 1 的减排成本节约情况满足 $S_1>S_{13}>S_{12}>0$，根据上面的收益矩阵，对于企业 1 来说，在给定企业 3 参与的情形下，企业 1 和企业 2 的静态博弈均衡策略是 (P,P)，在给定企业 3 拒绝参与时，企业 1 和企业 2 的均衡策略是 (P,P) 或者 (R,R)，从而企业 1 的不同策略优先顺序如下：

$(P,P,P)>(P,R,P)>(P,P,R)>(R,R,R)\approx(R,P,P)\approx(R,P,R)\approx(R,R,P)>(P,R,R)$。同理，由 $S_{21}>S_2>0$，$S_{21}>S_{23}>0$，根据收益矩阵，可以求得企业 2 的不同策略优先顺序有两种：

$(P,P,R)>(R,P,P)>(P,P,P)>(R,R,R)\approx(R,R,P)\approx(P,R,P)\approx(P,R,R)>(R,P,R)$ 或 $(P,P,R)>(P,P,P)>(R,P,P)>(R,R,R)\approx(R,R,P)\approx(P,R,P)\approx(P,R,R)>(R,P,R)$。

再根据 $S_{31}>S_3>S_{32}>0$ 和上面的收益矩阵，得到企业 3 的不同策略优先顺序如下：

$(P,R,P)>(P,P,P)>(R,P,P)>(R,R,R)\approx(P,R,R)\approx(R,P,R)\approx(P,P,R)>(R,R,$

P）。

从上述分析过程中可以发现，完全信息条件下，三家企业的纳什均衡解是（P，P，P）或者（R，R，R），即所有企业都参与碳交易，或者都拒绝参加。该均衡结果表明，在三家企业具有共同信息、同时决策的条件下，若不增加额外的激励机制或奖惩政策，企业会根据自身的偏好决定是否参与碳排放交易，可能参与也有可能不参与。而且，随着博弈的重复进行，只要有企业选择不参与碳交易，市场的均衡结果最终将趋向于（R，R，R），从行业的总减排成本角度看，该均衡并不是最优的结果，只有所有企业都参与的策略组合（P，P，P），才能达到市场资源的最合理配置。

（四）小结

本部分选择参与碳排放配额交易市场的每个微观企业的行动策略为研究对象，分析了每个企业的不同减排成本可能会对参与交易企业的市场行为决策和市场均衡的影响。

上述三家企业参与碳交易的研究结论一般化后可以发现，要使市场的总减排成本降低，社会资源达到优化配置，就必须激励企业积极参与到碳交易市场中来。由于我国目前对企业没有强制性的减排目标，要合理引导企业参与交易，我们一方面要制定相应的政策法规，明确奖惩机制，进一步规范市场信息揭露；另一方面还要降低碳交易市场的交易成本，只有参与交易的企业数量增加了，成交规模扩大了，节约的社会总成本才会越高，市场的均衡预期才会趋向于（P，P，P）。

三 省际碳排放减排成本分析

中国不同地区之间经济总量、产业结构层次、能源结构、人口数量及自然环境状况等存在较大差异，中国的二氧化碳排放不仅表现为排放总量的增长，还表现在区域排放的差异性，这种巨大的差异性主要来源于经济增长方式和经济发展水平的不平衡，从表4-3中可以看出，相关指标的地区差异很大，因此，实现减排目标需要付出的“代价”也不一样，本章除了从微观角度分析减排成本外，还从宏观角度深入研究中国不同省市区碳减排成本的差别。

表4-3 不同省市区相关指标的差异性

	单位	平均值	标准差	最大值	最小值
单位地区生产总值	亿元	10251.07	8206.968	33869.08	906.58
单位地区生产总值能耗	千克标准煤/万元	1.532	0.767	3.867	0.709
人均地区生产总值	万元/人	2.292	1.405	6.607	0.779
第三产业总值占比	%	39.653	7.425	72.16	29.56

有关中国省域碳排放的研究，已经有不少学者进行了深入分析。宋帮英、苏方林采用地理加权回归（GWR）技术引入空间效应研究省域碳排放量，研究发现省域碳排放

量与经济发展水平、产业结构、人口、外商直接投资和能源价格之间存在内生经济关系，同时影响碳排放量各因素在省域空间上存在明显差异。肖黎姗、王润、杨德伟运用基尼系数和空间自相关的方法，刻画了1990—2007年中国省际碳排放时空分布格局和聚集程度，提出碳强度的极化现象比碳总量更加严重，必须根据区域经济发展、资源禀赋、碳排放聚集等，因地制宜地提出碳排放区划方案。H. Li等根据碳排放水平不同将中国30个省市区（不含港澳台及西藏）划分为5个区域，利用STIRPAT模型分析了中国不同区域碳排放问题，结果发现人均GDP、工业结构、人口、城镇化和技术水平是影响排放量的主要因素；大部分区域里，人均GDP和城镇化的影响较大，提升技术水平带来的减排效果虽然并不显著，但依然是基本的减排路径；特别是在高排放区域，工业结构不是主要诱因，而且提高技术水平会增加碳排放。S. Yu等利用基于粒子群算法的模糊聚类方法分析了中国省际碳排放的区域特点，认为在聚类分析时影响碳排放的最主要因素是碳强度和人均碳排放，而单位能耗并不明显，应根据不同区域内碳排放特点设定减排目标。

一方面，中国经济的不断增长仍将不可避免地带来能源消费和碳排放的持续增加（K. Wang, et al.）；另一方面，随着“十二五”规划纲要的颁布，单位国内生产总值二氧化碳排放降低17%的约束性要求已经成为各个省市区下一阶段减排工作的重要目标，中国各省市区在“十二五”规划期末实现上述刚性目标的“潜在支出”巨大。尽管有学者开始关注不同省市区的减排成本（刘明磊、朱磊、范英、X. Wang 等），但迄今为止，尚未有学者研究各省市区可能产生的政策性支出。因此，本书尝试从碳排放期权的角度分析各省市区由于约束性目标可能产生的潜在成本问题。接下来首先介绍碳排放期权模型的构建过程并求解，然后利用面板数据对有关模型进行实证分析，最后是研究结论。

（一）研究思路及模型

本书在 E. Zagheni 和 F. C. Billari 提出的模型基础上，首先介绍了改进的 STIRPAT（Stochastic Impact by Regression on PAT）模型，将 GDP 总量引入模型，其次考虑了人口阻滞增长模型，在此基础上得到了关于二氧化碳排放量的随机过程，建立了以二氧化碳排放权为标准的资产的期权模型。

P. R. Ehrlich 和 J. P. Holdren 首先提出“$I = PAT$”方程来反映人口对环境压力的影响，该模型是一个被广泛认可的分析人口对环境影响的公式，主要作用在于探求环境变化的幕后驱动因素，但也存在一些局限性：当分析问题时仅改变一个因素，而保持其他因素固定不变，得出的结果即为该因素对因变量的等比例影响。为了修正上述模型的不足，R. York 等在此模型基础上建立了 STIRPAT 模型，即 $I_i = aP_i^bA_i^cT_i^de_i$，其对数形式为 $\ln I_i = a + b\ln P_i + c\ln A_i + d\ln T_i + e_i$，其中 I 表示二氧化碳排放量，P 表示人口（Population），A 表示富裕程度（Affluence），T 表示科技发展水平（Technology）。E. Zagheni和 F. C. Billari 从 STIRPAT 方程对数形式出发，将 T 与其他影响因素一并归入误差项，用 GDP 总量 $Y=PA$ 代替 A，建立了其对数简化形式：$\ln I=a+b\ln P+c\ln Y+e$，对上式两端求导，得：

$$\frac{I'}{I}=b\frac{P'}{P}+c\frac{Y'}{Y}$$

考虑到人口本身的增长和自然资源、环境因素等对人口增长的阻滞作用，建立了 Logistics 人口阻滞增长模型：

$$\begin{cases}\dfrac{\mathrm{d}P}{\mathrm{d}t}=\rho P\left(1-\dfrac{P}{P_m}\right)\\ P(0)=P_0\end{cases}$$

其中，$P=P(t)$表示某地区人口总数，P_m 表示自然资源和环境条件所能容纳的最大人口数量，ρ 是人口固有增长率，$\rho(P)=\rho\left(1-\dfrac{P}{P_m}\right)$表示实际人口增长率。求解上式得到：

$$P(t)=\frac{P_m}{1+\left(\dfrac{P_m}{P_0}-1\right)e^{-\rho t}},\quad \frac{\mathrm{d}P}{P}=\frac{\rho\left(\dfrac{P_m}{P_0}-1\right)e^{-\rho t}}{1+\left(\dfrac{P_m}{P_0}-1\right)e^{-\rho t}}\mathrm{d}t$$

若中国的国内生产总值总量 Y 的增长率符合几何布朗运动：$\dfrac{dY}{Y}=\mu dt+\sigma\mathrm{d}W_t$，其中，$W_t$ 是一个标准的布朗运动，$E(\mathrm{d}W_t)=0$，$Var(\mathrm{d}W_t)=\mathrm{d}t$，从而二氧化碳排放量 I 满足方程：$\dfrac{\mathrm{d}I}{I}=f(t)\,\mathrm{d}t+\hat{\sigma}\mathrm{d}W_t$。

其中，

$$f(t)=\frac{c\mu+(b\rho+c\mu)\left(\frac{P_m}{P_0}-1\right)e^{-\rho t}}{1+\left(\frac{P_m}{P_0}-1\right)e^{-\rho t}}\mathrm{d}t,\ \hat{\sigma}=c\sigma$$

按照约束性目标，各省市在到期日 T 应将二氧化碳排放量降至指定阈值 $\bar{I}$，超过此指定值必须到碳排放交易市场购买碳排放权。假设碳排放权价格为 a 元/吨，各省市区由于该购买产生的潜在支出为 $C(I,\ T)=a(I_T-\bar{I})^+$ 元，本书将此潜在支出看作一个以碳排放量为标的资产的欧式期权。

若无风险利率为 r，则在 t 时刻潜在支出的条件期望为：

$$C(I,\ t)=E\left(a\left(I_T-\bar{I}\right)^+e^{-r(T-t)}\mid I_{t0}=I_0\right)$$

由 Feynman－Kac 公式（姜礼尚等）得，$C(I,\ t)$ 适合非齐次倒向抛物型方程的 Cauchy 问题：

$$\begin{cases}\dfrac{\partial C}{\partial t}+\dfrac{c\mu+(b\rho+c\mu)\left(\frac{P_m}{P_0}-1\right)e^{-\rho t}}{1+(\frac{P_m}{P_0}-1)e^{-\rho t}}I\dfrac{\partial C}{\partial I}+\dfrac{I^2}{2}c^2\sigma^2\dfrac{\partial^2 C}{\partial I^2}-rC=0\\ C(I,\ T)=a(I_T-\bar{I})^+\end{cases}$$

由 Black－Scholes 公式得：

$$C(I,\ t)=aI\left(\frac{1+\left(\frac{P_m}{P_0}-1\right)e^{-\rho t}}{1+\left(\frac{P_m}{P_0}-1\right)e^{-\rho T}}\right)^b e^{(c\mu-r)(T-t)}\Phi(d_1(t))-$$

$aIe^{-r(T-t)}\Phi(d_2(t))$

其中，$\Phi(\cdot)$是标准正态分布的分布函数，$d_2(t)=d_1(t)-c\sigma\sqrt{T-t}$，

$$d_1(t)=\frac{\ln I-\ln\bar{I}+b\left(\ln\left(1+\left(\frac{P_m}{P_0}-1\right)e^{-\rho t}\right)-\ln\left(1+\left(\frac{P_m}{P_0}-1\right)e^{-\rho T}\right)\right)+c\mu(T-t)+\frac{1}{2}c^2\sigma^2(T-t)}{c\sigma\sqrt{T-t}}$$

（二）数据说明

本书以我国30个省市自治区（不含港澳台及西藏）的面板数据为样本。能源数据以各省市区消耗的能源为基础数据，按照煤炭0.713千克标准煤/千克，原油1.4286千克标准煤/千克，天然气1.33千克标准煤/立方米的能源折算标准煤系数统一换算为标准煤计算；二氧化碳排放量是根据2006年IPCC为《联合国气候变化框架公约》及《京都议定书》所制定的国家温室气体（主要构成物是二氧化碳）清单指南第二卷（能源）第六章提供的参考方法计算得到。二氧化碳排放总量是根据三种消耗量较大的一次能源所导致的二氧化碳排放估算量相加得到，具体公式为（陈诗一）：$CO_2=\sum_{i=1}^{3}CO_{2,i}=\sum_{i=1}^{3}E_i\times NCV_i\times CEF_i\times COF_i\times(44/12)$。其中，$CO_{2,i}$代表估算的二氧化碳排放量，$i=1,2,3$分别代表三种一次能源（煤炭、原油、天然气），$E_i$代表它们的消耗量，$NCV_i$是《中国能源统计年鉴》提供的

三种一次能源的平均低位发热量，CEF_i 是 IPCC（2006）提供的碳排放系数，COF_i 是碳氧化因子（根据 IPCC，该值通常取 1），44 和 12 分别为二氧化碳和碳的分子量，这些指标取值见表 4－4；其他所有数据均来自 1999—2013 年《中国统计年鉴》和 2013 年《中国能源统计年鉴》。

表 4－4　　不同指标对应取值

	煤炭	原油	天然气
NCV_i（千焦/千克）	20908	41816	38931
CEF_i（千克/万亿焦耳）	95333	73300	56100

（三）模型参数估计

1. 人口阻滞增长模型中的参数估计

由 $\begin{cases} \dfrac{\mathrm{d}P}{\mathrm{d}t} = \rho P\left(1 - \dfrac{P}{P_m}\right) \\ P(0) = P_0 \end{cases}$，　可得 $\dfrac{\dot{P}}{P} = \rho - \dfrac{\rho}{P_m}P$

选取各省市区 1998—2012 年的人口数据，计算中心差分，根据灰色最小二乘法，采用 Matlab 软件进行线性拟合得到每个省市区的人口增长率 ρ 和最大人口数量 P_m 的值（见表 4－5），按照此方法估计的中国（30 个省市区，不含港澳台及西藏）的平均人口增长率是 4.36%，最大人口数量是 12.94 亿，基本符合国家统计局发布的数据。

表 4－5　　中国 30 个省市区（不含港澳台及西藏）的人口增长率、最大人口数量及回归参数

省市区	ρ	P_m	a	b	c
北京	0.062665	3044.789	14.825	－3.061	0.856
天津	－0.18566	927.9477	10.667	－3.185	1.367
河北	0.026589	8864.465	75.333	－9.003	0.621
山西	0.157908	3479.116	9.227	－1.564	0.537
内蒙古	0.048064	2519.845	57.321	－8.353	1.027
辽宁	－0.04546	3922.477	124.815	－15.947	1.029
吉林	0.284956	2739.896	497.518	－64.173	1.229
黑龙江	－0.00269	2677.583	2.749	－0.725	0.424
上海	0.160653	2049.661	151.897	－24.514	3.507
江苏	－0.05923	6664.233	3.183	－0.665	0.4218
浙江	－0.052296	3702	125.123	－21.723	6.149
安徽	－0.055621	6504	245.343	－28.75	0.680
福建	0.203468	3657	23.791	－3.316	0.405
江西	－0.1272	4120	168.445	－21.349	1.235
山东	0.065688	10159	58.171	－6.938	0.705
河南	0.035938	9785	96.265	－10.990	0.593
湖北	－0.06697	6206	165.673	－19.536	0.457
湖南	0.01921	2842.005	66.835	－8.989	1.356
广东	0.116731	11307.22	17.632	－2.641	0.766
广西	－0.01007	3666.765	77.908	－10.425	1.228
海南	0.110302	918.7383	225.065	－36.859	3.109
重庆	－0.05108	3495.364	81.149	－11.677	1.450
四川	－0.06234	9053.611	10.302	－1.056	0.029
贵州	0.037094	4098.203	2.036	－0.201	0.014

续表

省份	ρ	P_m	a	b	c
云南	0.104035	4799.715	29.432	-4.091	0.654
陕西	0.035143	4211.713	121.721	-15.564	0.782
甘肃	0.196563	2646.413	15.008	-2.572	0.662
青海	0.11453	581.9075	68.422	-12.733	1.614
宁夏	0.071413	725.4846	2.634	-1.067	0.553
新疆	0.097067	2468.986	14.977	-2.499	0.529

2. 对数线性回归模型中的参数估计

在简化的 STIRPAT 模型 $\ln I = a + b\ln P + c\ln Y$ 中，考虑到二氧化碳排放量计算的可得性，本书选取了中国 2005—2012 年各省市区的能源数据、总人口和地区生产总值数据，利用 Eviews 软件对上述参数进行对数线性拟合，得到模型中参数的值（见表 4-5）。

3. 几何布朗运动中的参数计算

为了得到几何布朗运动 $\frac{\mathrm{d}Y}{Y} = \mu \mathrm{d}t + \sigma \mathrm{d}W_t$ 中的参数，本书对每一个省市区，利用 2001—2012 年的 GDP 数据，取对数以后进行差分，计算它们的平均值 μ 和标准差 σ，计算结果见表 4-6。

（四）潜在支出的计算

本书依据“十二五”规划纲要中，单位 GDP 二氧化碳排放量降低 17% 的刚性要求，设立各省市区二氧化碳排放量的阈值，以 2010 年为起点，计算初始碳排放量，2015 年为到期日，计算碳排放阈值，以当前一年期存款利率 3.25%作为无风险利率，碳排放价格选取欧盟碳排放交易体系第二阶段，2012 年 8 月期货 EUA Dec 2012 的价格为 7.08 欧元，约折合人民币 55.88 元。

下面以北京为例，介绍计算过程。2010 年为起点，2015 年为到期日，T = 15，2010 年北京碳排放量 $I = 1.04$ 亿吨 = 104 百万吨，2015 年的阈值 $\bar{I}$ 为 $104 \times 0.83 = 86.32$ 百万吨，$P_m = 3044.789$ 万，$P_0 = 1538$ 万，$\rho = 0.062665$，$\mu = 0.148301$，$\sigma = 0.03142$，$r = 3.25\%$，$\alpha = 55.88$ 元/吨，$a = 14.825$，$b = -3.061$，$c = 0.856$，将上述数据代入 $C(I, t)$ 表达式，利用 Matlab 软件计算可得，“十二五”规划期末北京为实现单位 GDP 二氧化碳排放量降低 17%的目标产生的可能支出 $C(I, 15) = 213.7$ 百万元。用同样的方法可以计算出其他省市区的潜在支出（见表 4-6）。

表 4-6　　中国 30 个省市区（不含港澳台及西藏）GDP 平均增长率、标准差及潜在支出

省份	μ	σ	C	省份	μ	σ	C
北京	0.14830	0.03142	213.7	辽宁	0.13826	0.04427	6059.586
天津	0.17075	0.04657	288.8	吉林	0.15417	0.03478	8478.733
河北	0.14239	0.04079	4132.766	黑龙江	0.11617	0.04186	5952.1
山西	0.16100	0.06580	4679	上海	0.13257	0.03600	874.526
内蒙古	0.21719	0.05373	6514.955	江苏	0.16162	0.03402	2041.11

续表

省份	μ	σ	C	省份	μ	σ	C
浙江	0.15047	0.03634	2707.9	海南	0.13575	0.03163	796.434
安徽	0.1414	0.03891	2530.076	重庆	0.16348	0.04692	949.819
福建	0.13751	0.03031	372.323	四川	0.14909	0.03299	321.263
江西	0.15726	0.03583	3988.078	贵州	0.15489	0.04274	407.54
山东	0.16308	0.04006	5560.749	云南	0.13246	0.04202	687.975
河南	0.15734	0.05129	5854.097	陕西	0.17525	0.04510	2927.875
湖北	0.15075	0.03677	7763.856	甘肃	0.13775	0.03868	2789.7
湖南	0.15327	0.04223	6181.981	青海	0.16020	0.05219	860.701
广东	0.14846	0.03553	908.163	宁夏	0.17361	0.05280	3088.8
广西	0.15312	0.04087	1833.221	新疆	0.13168	0.04960	2135.94

（五）实证结果分析

对中国30个省市区（不含港澳台及西藏）的潜在支出结果进行简单统计分析发现，到“十二五”规划期末，中国为实现既定目标所需的平均支出为3063.392百万元，标准差为2485.952，显示了不同省市区间减排成本的巨大差异；利用2005—2012年的样本数据可以看出，潜在支出最大的吉林省，人均地区生产总值与人均碳排放之间呈现出先上升后下降再继续上升的折线形状（见图4-1左图），经济增长伴随着碳排放的不断增加，达到减排目标任务艰巨，成本最高，而潜在支出最小的北京市，人均地区生产总值与人均碳排放之间表现出显著的倒“U”形曲线（见图4-1右

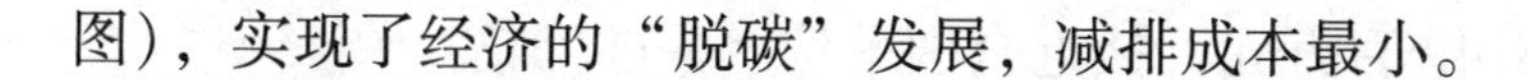
图），实现了经济的“脱碳”发展，减排成本最小。

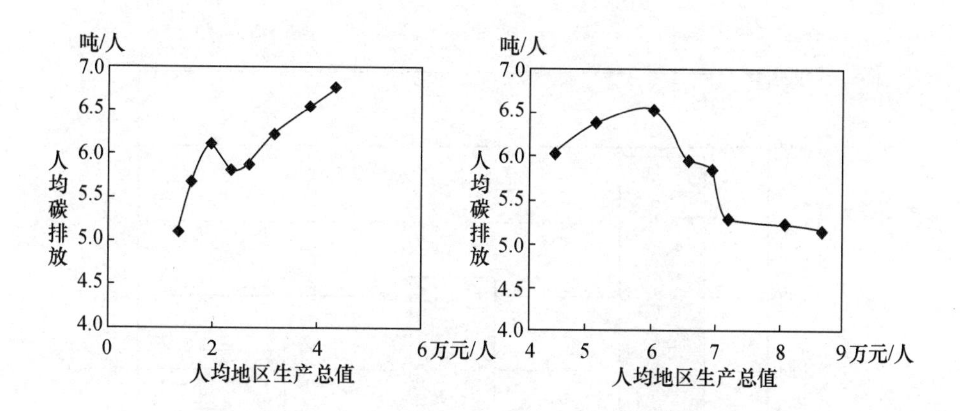

图4-1　吉林省（左）、北京市（右）人均地区生产总值与人均碳排放的关系

由于东部地区[①]国内生产总值大于中部地区，中部地区大于西部地区（见图4-2），不少文献的研究结论都认为，中国的二氧化碳排放量由东向西基本也呈现出逐渐递减的趋势，但从未来的减排成本看，中部地区平均支出最高，其次是东部地区，然后是西部地区（见图4-3）。与西部地区相比，由于我国实施了多年的“中部崛起”战略，中部地区工业化进程显著加快，在有效促进当地经济发展的同时，2002—2008年碳排放总量高达12%（张纪录），碳排放的累积效应导致中部地区的减排成本巨大，中部8省平均潜在支

① 根据国家统计局资料，我国东部地区包括辽宁、河北、北京、天津、山东、江苏、上海、浙江、福建、广东、海南11个省市，中部地区包括黑龙江、吉林、山西、安徽、江西、河南、湖南、湖北8个省份，西部地区包括内蒙古、广西、青海、宁夏、新疆、甘肃、贵州、云南、陕西、四川、重庆、西藏12个省市区。

出5678.49百万元，接近全国平均水平的两倍。

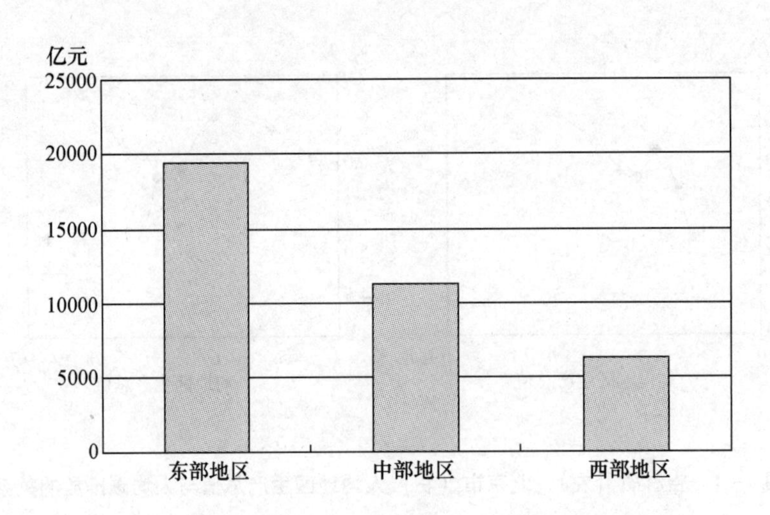

图4-2　东部、中部、西部地区的国内生产总值

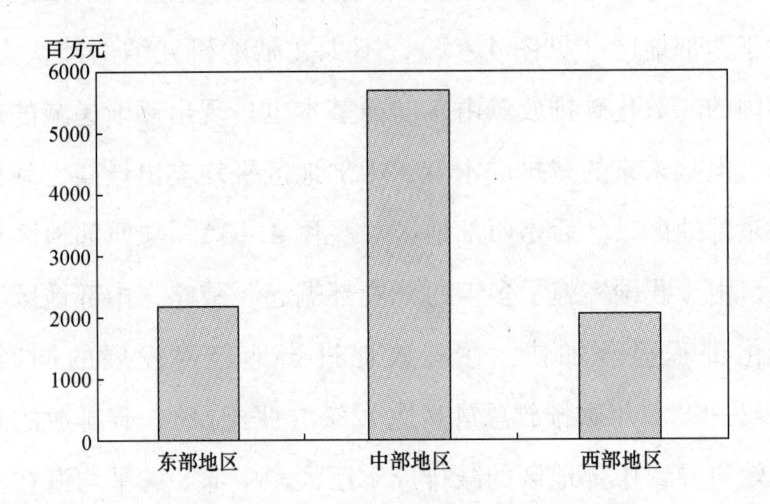

图4-3　东部、中部、西部地区的平均潜在支出

从开展低碳城市试点的7个省市[①]的潜在支出来看（见图4－4），到“十二五”规划期末，湖北省和辽宁省的潜在支出分列第一位和第二位，均大大超过全国平均水平，这两个省份的共同特点是，增长方式粗放，碳生产力水平低（庄贵阳，2010），巨大的减排成本会使它们的低碳城市建设面临诸多的困难与挑战；天津市的潜在支出最低，这主要得益于2008年天津市就成立了排放权交易所（TCX），二氧化硫、化学需氧量等主要污染物的交易有效促进了环渤海湾地区经济的可持续发展。因此，尽管天津人均碳排放和能源消费的碳排放强度比较高，但天津的低碳城市建设将面临较低的减排成本。

2012年初，国家发展改革委批准北京、上海、天津、湖北、广东、深圳、重庆7个省市开展碳排放权交易试点工作，除深圳市外，其余6个省份的潜在支出如图4－5所示。湖北省的潜在支出显著高于其他省市，作为碳交易试点中唯一的中西部省份，湖北省已经计划2013年上半年碳交易所挂牌，下半年启动碳交易，而且根据《湖北省碳排放权交易管理办法》，初步被纳入碳排放权交易的主要涉及钢铁、化工、水泥、汽车制造、电力、有色玻璃、造纸等高能耗、高排放行业，这会有效降低湖北省的减排成本，顺利实现碳排放约束目标。其余5个省市的平均潜在支出远低于全国平均

---

① 2010年8月国家发改委启动了低碳省和低碳城市试点工作，主要包括广东、辽宁、湖北、陕西、云南5省和天津、重庆、深圳、厦门、杭州、南昌、贵阳、保定8市，本书是从省域角度进行的研究，故选择了5省2市。

水平，体现了这些试点省份的巨大减排成本优势，有利于这些省份从容有序地开展碳交易试点，为全国性碳交易市场的建立积累丰富的经验。

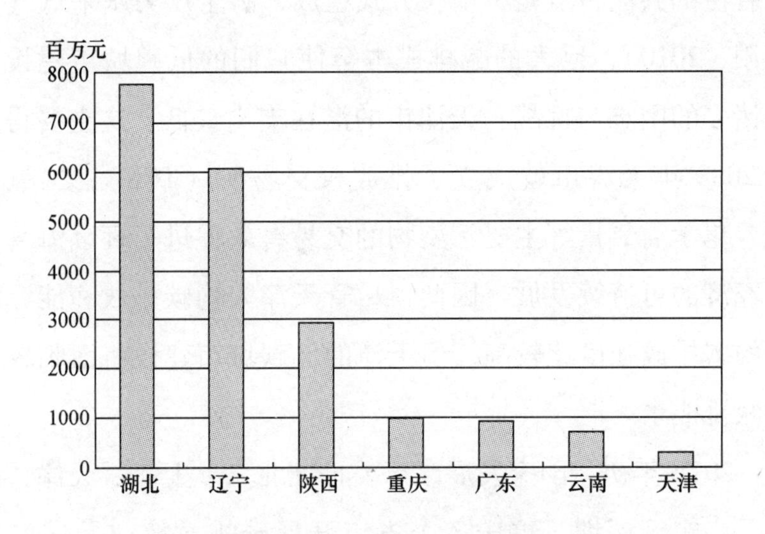

图 4－4　七个低碳试点省市的潜在支出

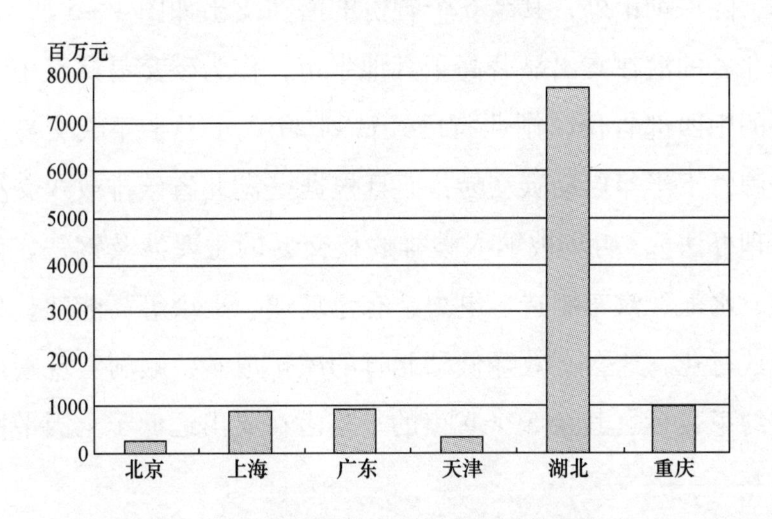

图 4－5　六个碳排放权交易试点省市的潜在支出

（六）小结

本部分根据“十二五”规划纲要提出的单位国内生产总值二氧化碳排放降低17%的约束性要求，构建以二氧化碳为标的的期权模型，测算“十二五”规划期末全国各省市区由于约束性目标导致的潜在成本支出，得到以下主要结论。

（1）政府相关部门在制定和分解节能减排目标时，应根据各省市区产业结构、经济发展水平和自然环境状况合理制定和分解节能减排指标。上述研究表明，为实现约束性目标，中国各省市区将为之付出较高的减排成本，同时省市区间的潜在支出存在巨大的差异性。因此，政府相关部门要科学合理地根据各地资源禀赋、发展水平和技术上的能力完善指标分配体系，防止“鞭打快牛”的现象。[①] 经济发展水平较高、减排潜在成本较低的省市区可以适当提高约束性目标，存在经济增速压力的省市区可以合理地降低减排目标，这样就可以在总量控制的基础上，均衡考虑各省市区的潜在支出，避免出现类似“十一五”期间地方政府为完成减排目标做出拉闸限电等损害地方经济发展的事情。

（2）要以发展的眼光看待东中西部的地区差异，建立动态的约束性指标分配机制。中部地区、东部地区、西部地区的潜在支出逐渐递减，而且中部地区的潜在支出明显

---

① 解振华：《“十二五”节能指标不“鞭打快牛”》，《新华日报》2010年9月30日。

高于东西部地区，这改变了我们传统的“东部大于中部大于西部”的观念。中西部地区进一步加快经济发展还将不可避免地导致减排压力的剧增，因此，约束性目标的分配应该动态衡量，对于目前减排成本最高的中部地区可以暂时地降低指标。

（3）要综合考量纳入试点的低碳城市、碳交易试点城市的约束性指标，避免刚性目标影响试点工作。潜在支出较大的试点城市主要集中在中西部地区和东北老工业基地，结合这些城市的特点，科学合理地制定约束性目标能够保证试点工作的顺利推进，给试点工作的进一步开展留足空间。

四 研究结论

本章从减排成本视角分析了我国碳排放配额交易，从微观角度研究了企业在碳排放配额交易市场中的减排成本，通过博弈理论分析了企业根据成本所做的最优决策，并对均衡结果做了探讨，得到如下结论：

企业积极参与碳排放配额交易市场的前提是，企业的实际收益和预期潜在收益大于其成本。若碳排放配额价格为$p < -\frac{\partial C_i(E_i^0)}{\partial E_i}$，则参与交易企业会购买配额，以成本最低的形式实现其减排目标；反之，企业则出售，最终完成

总量控制目标时，市场中所有配额资源达到有效配额，总减排成本最低。

三个电力企业的静态博弈模型研究表明，只要企业之间存在明显的边际成本差异，在参与交易时，博弈的纳什均衡会趋于或者都参与交易，或者都拒绝参与交易。若没有额外的激励或惩罚，在缺乏强制性减排目标时，只要有一家企业选择拒绝参与交易，则重复博弈后，所有企业都将选择拒绝参与交易，这样一种均衡并不是市场机制希望达到的均衡结果。

从宏观角度，研究了中国30个省市区（不含港澳台及西藏）因为减排约束目标导致的潜在成本支出，运用期权定价方法构建碳排放期权模型，选择统计数据，做了实证分析，得到了30个省市区的减排成本。以二氧化碳排放权为标的资产，建立期权定价模型，以“十二五”规划纲要提出的约束性目标为阈值，研究30个省市区因为完成减排目标可能导致的潜在减排成本数值。首先，根据人口阻滞增长模型，利用人口统计数据，借助Matlab软件对参数进行模拟估计。其次，利用IPCC提供的方法计算各省市区碳排放量，借助Eviews软件模拟简化STIRPAT模型的参数。最后，应用Matlab软件计算模型提供的潜在支出值，本书的研究清晰勾勒出各省份完成减排任务所面对的可能成本值。

因此，首先要建立和健全碳排放配额交易市场的各项规章制度，完善市场交易机制。这不光是市场健康运行的基本保障，也是促进企业积极参与碳交易、保持市场流动性的基础，一个缺乏活力，甚至“零交易”的碳市场，是无法实现环境资源有效配置的。

其次，约束性减排目标的设置应综合考量，动态评价。本章的实证研究发现，统一的减排目标设置会给中西部地区部分省份带来巨大的潜在成本增加，这对于经济迫切需要发展，基础尚待进一步完善的省市区来说，无疑是个很大的负担。因此，动态化的目标分解和考核机制对我国“十二五”规划碳强度目标的完成非常关键，对我国碳排放配额交易市场的后续发展也至关重要。

第五章 中国碳交易市场价格问题研究

交易价格是碳排放配额市场中的关键指标，是调剂需求核定成本的主要依据。每个市场参与方都以价格为信号来适时调整自己的策略和行动；同时，每个市场主体的行为又影响着市场价格的形成。

目前学者主要研究角度包含以下三个方面。

一 碳交易市场价格问题综述

（一）碳交易市场价格影响因素

影响因素的研究是研究碳排放配额交易价格的基础，目前国内外的文献主要研究了以下三种主要的影响因素。

1. 市场机制

欧盟碳排放交易市场中碳排放配额价格在 2007 年接近于零，是否为第一阶段的过度分配？A. D. Ellerman 和 B. K. Buchner 的实证分析提出过度分配并不是主要原因，一种可能的解释是市场参与者高估了碳排放水平，另一种是低估了减排量。J. E. Parsons 等也不认同过度分配的原因，他们提出这恰恰反映了碳排放配额分配机制的本质，因为欧盟禁止跨期存储（banking）和借用（borrowing）。J. Reilly 等提出的是天然气价格过高、水力和核能发电的稀缺、市场参与者准备不足导致了碳排放配额交易价格的剧烈波动。F. Jaehn 和 P. Letmathe 也分析了交易价格的异常波动，他们认为可能的原因除了市场因素外，信息不对称、基本物品价格和碳排放配额价格的相互依赖性是主要诱因。Z. H. Feng 等利用非线性动力学的方法研究交易价格的波动性，发现碳排放价格的历史信息并不完全反映在当前价格上，不是一个随机游走；碳排放价格具有短期记忆性；碳排放价格受碳排放市场的内部机制和异质性环境影响。T. N. Cason 和 L. Gangadharan 研究了连接不同碳排放交易市场的机制设计的影响后发现，与企业通过中介交易相比，直接进行交易时市场价格和效率会更高；允许跨区域交易时，价格能比较精确地反映边际减排成本，在提高交易效率的同时，有利于高成本区域的买方和低成本区域的卖方，从而以较低的总成本实现减排目标。J. K. Stranlund 和 L. J. Moffitt 也研究了在企业成本不确定的情况下，政策强制执行是怎样通过碳价影响碳交易市场结构的。

2. 能源价格与天气

M. C. Frunza 等认为具有历史依赖模式的能源、天然气、石油、煤炭以及股权指标是碳排放价格的主要驱动因素。张跃军和魏一鸣基于状态空间模型和VAR模型等数理统计方法，研究后发现，化石能源价格与碳价之间存在显著的长期均衡比例不断变化的协整关系，而且在三种化石能源价格中，油价冲击是影响碳价波动最显著的因素，然后是天然气和煤炭，但天然气对碳价波动的影响持续时间最长。S. Hammoudeh等用不同方法研究后发现，原油价格上涨在碳价很高时会导致碳价大跌，天然气价格的变化也会对很低的碳价产生负面影响，电价会对碳价产生积极影响，而煤炭价格则会对碳价产生负面影响。R. Sousa等通过小波分析的方法分析了碳价和能源价格的关系。A. Boersen和B. Scholtens的研究也提出了天然气、原油和煤与气转换可行性是欧盟碳交易体系第二阶段碳价的主要驱动因素。S. Hammoudeh等发现原油价格对碳价有长期的负面和非对称影响，从短期来看，煤炭价格下跌时对碳价的影响大于上涨时，天然气和电力价格对碳价有对称性影响。L. M. de Menezes等也研究了碳价、燃料价格和电价的关系。

E. Alberola等认为欧盟碳排放交易价格不仅和能源价格有关，而且和温度有关；不仅与极端温度有关，还与不可预测的温度变化有关。他们还认为，在极端气候条件下，突然的温度变化比温度本身对碳排放价格的影响更大；温度与碳排放价格变化之间不存在线性关系。

3. 宏观经济与金融市场

C. Böhringer和K. E. Rosendahl发现在欧盟成员国交易

和非交易部门采用差别的排放预算策略对可交易的碳排放价格只会产生较小的影响。E. Alberola 等研究了工业产值对碳排放配额交易价格的影响，发现欧盟 9 个行业中只有两个行业（燃烧行业和钢铁行业）的工业产值对交易价格产生显著影响，并在此基础上分析了产生影响的原因和影响路径；进一步，他们发现 6 个国家中有 4 个国家（德国、西班牙、波兰、英国）的工业产值对交易价格产生重要影响，但意大利和法国燃烧和钢铁部门的产值都没有对碳排放价格产生任何冲击。J. D. Jenkins 发现工业部门的反对，居民为减排成本埋单意愿的降低等一些政治经济因素都会影响碳价政策的实施。N. Koch 等研究了欧洲碳交易市场价格大跌的可能原因，他们认为目前 90% 的价格波动性无法解释，但经济活动的不稳定性是碳价波动的一个显然原因。

U. Oberndorfer 的研究表明欧盟碳排放配额的价格与大部分欧洲电力企业的股票回报呈正相关关系。M. Gronwald 等认为市场基本面并不足以解释碳排放价格的变动，碳排放配额的期货价格是碳排放配额价格的格兰杰成因，市场基本面和投机行为一起影响了碳排放价格。D. Bredin 和 C. Muckley 利用 2005—2009 年欧盟碳排放交易市场的数据分析了经济增长、能源价格和气候变化在多大程度上影响碳排放配额的期望价格，和以往研究不同，他们的主要关注点在期货合约，发现价格和价格因素具有长期的自回归条件异方差关系；在协整检验时随时间变化具有波动性。

M. Mansanet – Bataller 等研究了 EUA 与 sCER 的价格关系，发现了 EUA 和 sCER 差价存在的三个主要因素：EUA 价格水平的变化趋势；有关 EUA 和 sCER 的管制信息；代理贸易活动，证实了 EUA 和 sCER 差价只要足够大，就可以作为欧盟碳排放交易市场的理性投资者和市场参与者投机的工具。M. E. H. Arouri 等发现碳价和碳期货收益之间存在非对称性和非线性关系，并提出非线性模型对碳排放配额进行定价和预测。L. Xu 等设计了一种模型研究金融期权对降低碳排放价格波动性的影响，他们发现在实现减排目标的同时，金融期权还可以降低碳价水平和碳价波动性。T. Jong 等通过研究 2006 年碳价大跌时的股票价格后发现，当企业生产的碳强度较低而拥有的配额较多时，碳价下跌会导致股价上涨。A. M. Oestreich 和 I. Tsiakas 发现德国股票市场上表现好的企业在初期都是免费获得配额的。

（二）碳交易市场价格形成机制

常瑞英和唐海萍分析了在碳价格确定中存在的一些问题，介绍了目前在碳贸易中计算碳价格常用的 3 种土地机会成本的模型，并对这 3 种模型进行了比较和评述，他们认为这 3 种模型均不适用于我国，特别是北方草原区的碳价格计算，初步给出了一个在我国内蒙古草原区确定碳价格的固碳成本估算方法。J. Seifert 等发现碳排放价格的形成并不遵循任何周期性的模式，而是一个与时间和价格相关的波动性的过程。G. Daskalakis 等发现碳排放配额交易价格的形成过程接近于带跳的几何布朗运动，并且不具备稳定性。W. Blyth 等认为碳市场价格的形成过程是政策目标、动态技术成本和市场规则相互作用的复杂过程。C. Böhringer 等认为与简单的统一定价相比，复杂的最优差别价格形成方式实质上并没有降低整个碳减排成本。陈晓红和王陟昀以欧洲碳排放权交易体系为对象，研究其价格形成机制，认为 EGARCH（1，1）－t 模型适用于 EUA 价格机制研究，能够较好地估计和预测减排前两阶段的价格。P. J. Wood 和 F. Jotzo 研究了碳排放交易机制中的价格下限问题，提出价格下限能够确保减排成本最小、降低成本不确定性、形成对价格上限的补充，在比较了政府回购配额、保留价格拍卖以及额外收费或征税这三种维持最低价格的方法之后，认为额外收费不仅具有预算优势，而且和国际碳排放交易市场更加融合。M. G. J. den Elzen 等在分析了哥本哈根会议各参会国提交的减排目标后提出，若至少有 2/3 的附录一国家的减排目标限制在国内完成，2020 年全球减排成本为 600 亿—1000 亿美元，而不加限制则会导致国际碳价格翻倍甚至更高。A. Charles 等利用 BlueNext、EEX、Nord Pool 三大交易市场第一阶段和第二阶段碳排放配额现货价格数据，BlueNext、EEX 市场中第二阶段的期货价格数据分析了欧盟碳排放交易市场的弱有效性，结果表明，除了 2006 年 4—10 月这段时间外，第一阶段三大市场中现货价格是可以预测的，存在通过投机获取超额收益的可能性，而第二阶段的现货和期货价格数据未能拒绝鞅差假说从而无法预测价格变化。陈立芸、刘金兰、王仙雅通过坐标平移的方式，在天津市边际碳减排成本曲线的基础上，估算天津市28个重点排放行业的边际碳减排成本曲线，推导出碳排放权交易价格及交易后总成本的计算过程，并比较了28个行业参与碳排放权交易前后的成本变化情况。S. C. Lee等从工程学和经济学视角分析了碳排放影子价格的形成。B. Zhu等利用Zipf方法模拟了欧盟碳期货价格的动态过程，认为碳价是非对称的，长期熊市的可能性大于牛市，投资和投机者对碳价产生双重影响等。

（三）碳交易市场价格波动的经济效应

1. 碳交易对能源部门的影响

M. Kara等研究了欧盟碳排放交易机制对北欧地区电力市场的影响，他发现年平均电力价格会随着碳排放价格的增长而提高。J. Schleich等研究了碳排放交易体系对能源效率的激励作用，提出较高的碳价会对需求层面的能源效率产生较强的激励。A. M. A. K. Abeygunawardana等的分析提出，碳排放价格会改变意大利电力企业短期边际成本从而引起电价上涨，进而影响发电企业的利润——在完全竞争情形下企业利润增加，寡头垄断时企业利润先降低后增加。E. Denny和M. O’ Malley认为碳排放价格明显增加了电力企业的循环成本，在一定的条件下这些额外的成本超过了减少排放带来的收益。D. Kirat和I. Ahamada比较了德国和法国电价、基本能源价格和碳价的相互关系后发现，不同电力部门对碳约束（carbon constraints）具有异质性，在碳排放交易机制的前两年，德国和法国的电力部门将碳价格计入了成本函数，第二阶段碳约束不再影响电力部门的决策。F. Nazifi 和 G. Milunovich 的研究提出由于欧盟碳排放价格产生的影响在不同国家（受管制、不受管制）相互抵消，因此碳价与能源价格之间不存在长期联系。N. Wu 等研究了未来碳价对中国发电企业碳捕集与封存（CCS）投资的影响，认为均衡碳价达到 61 美元/吨时可以对粉煤发电企业的 CCS 投资，达到 72 美元/吨时可以投资联合循环发电企业的 CCS。P. Lauri 等提出当碳价超过 20 欧元/吨二氧化碳时可以增加以木材为主的发电，在 20—50 欧元时木质发电依然是主要手段，高于 50 欧元时木质发电将会对林业用材产生冲击。P. Vithayasrichareon 和 I. F. MacGill 运用蒙特卡洛方法基于不同的发电组合研究了风能和碳价对发电行业的影响，他们认为风能对发电行业成本的渗透程度取决于碳价水平的高低。A. Brauneis 等认为合理设置碳价下限可以引导电力企业早期的低碳技术投资，并且模拟结果是稳健的。R. Golombek 等分析了碳交易配额不同分配方式对电力市场的影响，基于历史排放比基于产出的方式对天然气发电企业影响更大。J. F. Li 等研究了碳价政策对中国经济的影响，认为短期内碳定价是有效的减排政策，在电力行业，刚性电价可以降低碳排放，从中长期来看，有效率的政策可以使碳税用于提升电价竞争力。B. D. L. Jordan、T. Wilkerson、Delavane D. Turner、John P. Weyant 比较了碳价对美国能源影响的不同评价模型。P. Rocha 等和 Y. Tian 等研究了碳交易机制对电力企业和电力公司股票的影响。

2. 碳交易对非能源部门的影响

基于欧盟碳排放交易市场的历史数据，F. Convery 等实证分析了碳排放价格变动对水泥、炼油、钢铁和铝制品行业的短期竞争力（包括市场份额和盈利能力）的影响，结果显示影响很小。J. A. Lennox 等利用环境投入产出模型分析碳排放价格对新西兰食品和纤维制品部门成本的直接影响和间接影响，当价格为 25 美元/吨时，排放成本的影响很小，但 2013 年以后农业排放的成本主要影响牛羊和乳制品行业。K. S. Rogge 等选取德国 19 家电力部门、技术供应商和项目开发者的数据，定量分析了欧盟碳排放交易机制对研发、采纳和组织结构的影响，他们特别关注了企业外在因素（如政府政策组合、市场因素、公众认可）和企业自身特点（企业所处价值链的位置、技术组合、规模和前景）的影响，结果表明，迄今为止，由于碳排放交易机制缺乏严密性和可预测性，它产生的创新影响微乎其微；另外，不同的技术、不同的企业和不同的创新维度产生的影响千差万别，这其中碳捕获的研发技术和企业组织结构影响最大。B. Manley 和 P. Maclaren 评价了新西兰碳交易对森林管理决策的潜在影响，研究发现碳交易提高了森林利润，影响了造林抉择，伴随着预期的碳价森林轮伐期也在增加。A. Moiseyev 等也研究了碳价对欧盟木质生物质能源使用的影响。Y. Li 等研究发现航空业纳入碳交易以后大部分航空公司效率得到提高。L. Meleo 等研究也发现意大利航空业纳入欧盟碳交易机制后直接成本影响有限。

3. 碳交易对社会经济的影响

K. van't Veld 和 A. Plantinga 研究了碳排放配额价格对碳封存的影响，实证结果表明，与保持价格不变相比，价格上涨 3% 会降低大概 60% 的最优碳封存份额。L. M. Abadie 和 J. M. Chamorro 发现目前的碳排放配额价格不足以激励企业迅速采取碳捕获和存储技术，当碳价接近于 55 欧元/吨时企业才会立即改造，他们认为碳排放配额价格波动较大是导致企业进行技术改造临界价格提高的主要因素。R. Betz 和 A. Gunnthorsdottir 认为如果配额的市场价格不确定，那么卖方就会在减排技术上投资不足并且减少配额的出让。C. Kettner 等提出欧盟碳排放价格波动的影响因素很多，未来还会出现新的影响因素，这将不利于吸引投资，因此从政治与经济学的角度来看，下一阶段保持碳排放配额价格的稳定很重要。G. Hua 等研究了碳排放交易机制下企业是如何管理库存的，与传统 EOQ 模型相比，总量控制与交易机制使零售商降低碳排放，从而可能导致总成本增加；总量控制和碳价格对零售商的决策具有重要影响，当总量比允许值少（多），零售商会购买（卖出）碳信用，当碳价格上涨时，零售商将根据物流和仓储的成本和碳排放来决定是否订购更多或更少的产品。M. Robaina Alves 等利用宏观数据分析了欧盟碳排放交易市场对葡萄牙行业和区域的影响，他们发现碳排放配额分布不均衡，很多行业的大部分企业都会存在剩余，有可能显著提高它们的收益；不同区域对不同商品和服务业已存在的分工导致碳排放配额分配产生不均衡的经济影响，富裕区域存在大量的配额剩余现象。杨超等以欧洲气候交易所公布的 CERs 期货报价为研究对象，将马尔科夫波动转移引入 VAR 的计算，结合极值理论度量国际碳交易市场的系统风险，并提出我国月内获批 CDM 项目数同二级市场月内 VAR 均值之间不存在此消彼长的显著对应关系，在碳价波动风险偏高时仍有众多项目被密集批准，反映了审批环节存在周期长、效率低、相关部门过于关注批准数量的增加，对二级市场的风险变动趋势缺乏足够重视，未能确保国内碳资源的有效开发与合理使用。Y. Lu 等研究了碳价对美国建筑业的影响，22.3 美元的碳价有利于美国建筑企业实现减排 17% 的目标，但该价格中 54% 的成本将会转嫁给终端消费者。E. Lanzi 等在比较了拉平不同区域碳市场碳价的方法后认为，对参与国来说，不均的碳价既可以形成实质性的竞争，也会导致福利损失和碳泄漏。孙睿、况丹、常冬勤认为碳价通过传导进入能源部门生产成本而间接导致能源价格变动，两者共同构成单位能源的利用成本，促使能源消费结构调整和激励各生产部门进行碳减排，影响到各部门生产活动及其产出，从而也具有宏观经济上的影响。G. Bel 和 S. Joseph 运用动态面板数据研究后提出欧盟 2008 年经济危机导致碳交易机制产生巨大减排成本。Y. Fan 等运用多区域 CGE 模型模拟了碳交易机制在不同减排目标下对区域经济和减排效率的影响。J. L. Mo 等、W. Zhou 和 L. Gao

分别研究了中国碳交易机制对低碳投资、森林管理的影响。

从文献综述中可以发现，很多学者的研究认为初始配额的分配方式不同，对碳排放配额交易市场会产生重要影响。因此，本章以下将首先从初始配额分配方式角度分析碳市场定价问题，同时，考虑到我国现有的碳排放配额交易市场试点的区域封闭性和行业局限性；并且将基于产业经济学市场结构视角研究碳排放配额交易市场中的价格问题。

二　不同分配方式下的碳交易市场价格分析

我国目前推行的碳交易市场，前期的配额主要是免费分配的，两种常见的分配方式究竟哪种对参与碳交易的企业更有利，以下试图通过构建动态博弈模型对上述问题进行比较研究。首先给出基本假设和模型变量，然后根据不同分配方式计算碳价和企业收益，并给出了我国电力行业的一个算例，最后得出研究结论。

（一）碳交易博弈模型基本假设

为了比较两种分配方式下碳价和碳交易企业的收益，本部分考虑一个碳交易市场，有两家参与碳交易的企业，假设这两家企业一个是高排放企业（记作 H）[①]，另一个是低排放企业（记作 L），这两家企业生产不同的产品，产品价格和产品供求互不影响，生产成本是产量的函数，产量越大生产成本也越高，企业排放量也是产量的函数，产量增加会导致排放量攀升，这两家企业获得的初始配额指标有差异，市场中一家企业为完成减排目标需要向另一家企业购买多余配额指标，不失为一般性，这里假设一家企业获得全部配额指标，另一家企业的配额指标为零。涉及的变量记号和指标含义见表 5 - 1。

表 5 - 1　　变量记号和指标含义

变量记号	指标含义
x^H (x^L)	高排放（低排放）企业产量
p^H (p^L)	高排放（低排放）企业产品价格
$c(x^H)$ [$c(x^L)$]	高排放（低排放）企业完成产量所对应的生产成本
$e^H(x^H)$ [$e^L(x^L)$]	高排放（低排放）企业完成产量产生的排放量
e^A ($\tilde{e}$)	企业获得的碳排放配额（出售的配额）

其中，生产成本函数满足$\frac{dc}{dx}>0$，$\frac{d^2c}{dx^2}>0$，排放量函数满足$\frac{de}{dx}>0$，$\frac{d^2e}{dx^2}>0$，即所有参与交易企业的生产成本和碳

① 根据国家统计局资料，这里所说的高排放企业主要涉及非金属矿物制品业，化学原料和化学制品制造业，有色金属冶炼和压延加工业，黑色金属冶炼和压延加工业，电力、热力生产和供应业，石油加工、炼焦和核燃料加工业。

排放量随着产量增加而增加，而且是严格凸函数。参与交易企业的博弈时序为：获得配额的企业首先行动，根据碳价决定自己企业产品价格，确定可以出售的配额数量，然后配额为零的企业根据碳价决定自己的产量，确定购买的配额数量。下面将分别研究两种免费分配方式下碳价和企业的收益。

（二）根据历史排放量进行分配的碳交易博弈模型

根据历史排放量分配也称祖父制（fathering），是指以碳排放实体在基准期的历史平均排放量为基础确定应获得的碳排放配额的一种方法。显然，在这种分配方式下，高排放企业获得的配额大于低排放企业配额，不失为一般性，假设分配给高排放企业的配额为 e^A，低排放企业为零，高排放企业可以出售的配额为 $\tilde{e}=e^A-e^H$，设碳价为τ_1，此时，高排放企业的收益为：

$$\pi_1^H(x^H)=x^Hp^H+\tau_1\tilde{e}-c(x^H)$$

其中，$p^H=m\ (\tau_1)$，$\frac{dm}{d\tau_1}>0$，表示出售配额企业的产品价格是碳价的函数，碳价的上涨将会反映在企业产品价格上，进而传递到终端消费者身上。低排放企业的收益为：

$$\pi_1^L(x^L)=x^Lp^L-\tau_1e^L-c(x^L)$$

由逆向归纳法，首先计算买方的最优化一阶条件：

$$\frac{d\pi_1^L(x^L)}{dx^L}=p^L-\tau_1\frac{de^L}{dx^L}-\frac{dc(x^L)}{dx^L}=:\ \varphi_1(x^L\mid\tau_1)=0$$

从上式得到的产量 $x^L(\tau_1)$是关于τ_1 的函数，即企业会根据碳价决定自己的产量，且计算发现：

$$\frac{dx^L(\tau_1)}{d\tau_1} = -\frac{-\dfrac{de^L}{dx^L}}{-\tau_1\dfrac{d^2e^L}{(dx^2)^2}-\dfrac{d^2c}{(dx^2)^2}}<0$$

说明碳价越高，低排放企业生产积极性越低，产量越低，代入后得到：

$$e^L = e^L(x^L) = e^L(x^L(\tau_1)) =: \delta_1(\tau_1)$$

且是单调函数，$\frac{d\delta_1}{d\tau_1}<0$，所以$\tau_1 = \delta_1^{-1}(e^L)$。

由于低排放企业排放量 $e^L = \delta_1(\tau_1) = \tilde{e} = e^A - e^H =: \sigma_1(e^H)$，从而碳价$\tau_1 = \delta_1^{-1} \circ \sigma_1 \circ e^H(x^H)$。

接下来，高排放企业的目标规划模型为：

$$\max \pi_1^H(x^H) = x^H p^H + \tau_1 \tilde{e} - c(x^H)$$

$$s.t.\ p^H = m(\tau_1)$$

$$\tilde{e} = \sigma_1(e^H(x^H))$$

$$\tau_1 = \delta_1^{-1} \circ \sigma_1 \circ e^H(x^H)$$

若记$f_1 = m \circ \delta_1^{-1} \circ \sigma_1 \circ e^H$，$g_1 = \delta_1^{-1} \circ \sigma_1 \circ e^H$，则高排放企业收益为：

$$\pi_1^H(x^H) = x^H f_1(x^H) + g_1(x^H)\sigma_1(e^H(x^H)) - c(x^H)$$

最优化一阶条件是：

$$\frac{d\pi_1^H(x^H)}{dx^H} = f_1(x^H) + x^H\frac{df_1}{dx^H} + \frac{dg_1}{dx^H}\sigma_1 + g_1(x^H)\frac{d\sigma_1}{dx^H} - \frac{dc(x^H)}{dx^H} =: \psi_1(x^H) = 0$$

从上式可以求出高排放企业的最优产量 x^{H^*}，从而由 $\tau_{1^*}=g_1$（x^{H^*}）可以确定碳价，最后得到低排放企业产量 $x^{L^*}=x^{L^*}(\tau_{1^*})$。

（三）基于产出进行配额分配的碳交易博弈模型

基于产出（out - based）的分配方式下，低排放企业配额大于高排放企业配额，不失一般性，设配额 e^A 都分配给低排放企业，高排放企业为零，则 $e^A=e^L+\tilde{e}$，设此时碳价为τ_2，采用类似的分析可以发现，此时，低排放企业的收益为：

$$\pi_2^L(x^L)=x^Lp^L+\tau_2\tilde{e}-c(x^L)\text{，其中，}p^L=n(\tau_2)\text{，}\frac{\mathrm{d}n}{\mathrm{d}\tau_2}>0$$

运用逆向归纳法，高排放企业的收益为$\pi_2^H(x^H)=x^Hp^H-\tau_2e^H-c(x^H)$，最优化一阶条件为：

$$\frac{\mathrm{d}\pi_2^H(x^H)}{\mathrm{d}x^H}=p^H-\tau_2\frac{\mathrm{d}e^H}{\mathrm{d}x^H}-\frac{\mathrm{d}c(x^H)}{\mathrm{d}x^H}=:\varphi_2(x^H\mid\tau_2)=0$$

记 $e^H=e^H(x^H)=e^H(x^H(\tau_2))=:\delta_2(\tau_2)$，$\tau_2=\delta_2^{-1}(e^H)$，又 $e^H=\tilde{e}=e^A-e^L=\sigma_2(e^L)$，从而$\tau_2=\delta_2^{-1}\circ\sigma_2\circ e^L(x^L)$。

接下来求低排放企业收益最大化的目标规划模型：

$$\max\pi_2^L(x^L)=x^Lp^L+\tau_2\tilde{e}-c(x^L)$$

$$s.t.\ p^L=n(\tau_2)$$

$$\tilde{e}=\sigma_2(e^L(x^L))$$

$$\tau_2=\delta_2^{-1}\circ\sigma_2\circ e^L(x^L)$$

同理，记$f_2=n\circ\delta_2^{-1}\circ\sigma_2\circ e^L$，$g_2=\delta_2^{-1}\circ\sigma_2\circ e^L$，

则$\pi_2^L(x^L)=x^Lf_2(x^L)+g_2(x^L)\sigma_2(e^L(x^L))-c(x^L)$。

记$\frac{\mathrm{d}\,\pi_2^L(x^L)}{\mathrm{d}x^L}=f_2(x^L)+x^L\frac{\mathrm{d}f_2}{\mathrm{d}x^L}+\frac{\mathrm{d}g_2}{\mathrm{d}x^L}\sigma_2+g_2(x^L)\frac{\mathrm{d}\sigma_2}{\mathrm{d}x^L}-\frac{\mathrm{d}c(x^L)}{\mathrm{d}x^L}=:\psi_2(x^L)=0$，从中求解出最优产量$x^{L^*}$，得到碳价$\tau_{2^*}$，确定$x^{H^*}$。

接下来，将通过一个数值算例来解释上述求解过程。

（四）电力企业碳交易博弈算例

由于用电需求弹性极低，电力行业规模效益显著，电力行业在世界各国从来都是传统的垄断性行业（Y. G. Kim and J. S. Lim），而且世界上很多国家的碳排放交易市场都首先将发电企业纳入规制，因此，本部分以电力市场为例对上述一般博弈模型给出合理解释。电力市场中，高排放企业是以火电为特征的发电企业，低排放企业是清洁能源发电企业，所有变量指标和上文一致，考虑到在国内发电企业的产品价格即上网电价是一致的，不妨假设$p=1$。另外，假设两种情形下企业获得的碳排放配额指标$e^A=25$，企业完成产量所对应的生产成本函数为$c(x)=\frac{x^2}{100}$，两个企业完成相应产量产生的排放量分别为$e^H=\frac{(x^H)^2}{100}$，$e^L=\frac{(x^L)^2}{400}$。

若碳排放初始配额分配采用祖父制，将上述函数分别代入公式得到高排放企业和低排放企业的收益为：

$$\pi_1^H(x^H)=x^H+\tau_1\left(25-\frac{(x^H)^2}{100}\right)-\frac{(x^H)^2}{100},$$

$$\pi_1^L(x^L)=x^L-\tau_1\frac{(x^L)^2}{400}-\frac{(x^L)^2}{100}$$

利用逆向归纳法，先对低排放企业目标函数求解一阶条件得到 $x^L=\frac{200}{\tau_1+4}$，显然$\frac{dx^L}{d\tau_1}<0$，即碳价和低排放企业（买方）的产量呈反向变化关系。

由 $e^L=e^A-e^H=25-\frac{(x^H)^2}{100}$，同时 $e^L=\frac{(x^L)^2}{400}=\frac{1}{400}\left(\frac{200}{\tau_1+4}\right)^2$，得出$\frac{100}{(\tau_1+4)^2}+\frac{(x^H)^2}{100}=25$。

接着对高排放企业目标函数求解一阶条件得到 $x^H=\frac{50}{\tau_1+1}$，代入上式后，利用 Matlab 软件求得数值解，产量 $x^H=43.7848$，碳价$\tau_1=0.14195$，产量 $x^L=48.2864$。

如果碳排放配额采用第二种方式进行分配，此时双方的收益函数分别为：

$$\pi_2^H(x^H)=x^H-\tau_2\frac{(x^H)^2}{100}-\frac{(x^H)^2}{100}$$

$$\pi_2^L(x^L)=x^L+\tau_2\left(25-\frac{(x^L)^2}{400}\right)-\frac{(x^L)^2}{100}$$

先对买方目标函数利用最优化一阶条件求出 $x^H=\frac{50}{\tau_2+1}$，然后根据 $e^H=25-\frac{(x^L)^2}{400}$得到$\frac{25}{(\tau_2+1)^2}+\frac{(x^L)^2}{400}=25$，再对低排放企业收益函数求一阶条件得到 $x^L=\frac{200}{\tau_2+4}$，求得数值解，产量 $x^L=48.2864$，碳价 $\tau_2=0.14195$，产量 $x^H=43.7848$。

为了便于比较，表5－2列出了两种分配方式下高排放企业和低排放企业的相关参数。从表5－2中可以看出，碳排放配额的分配方式对高排放企业和低排放企业的产量并无影响，而碳价是与企业产品价格相关的，所以碳价也是不变的，这主要是由于我国电力市场企业产品价格即上网电价是统一由政府限价原因导致的，但对企业收益来说，基于历史排放的分配方式显然对高排放企业有利，基于产出的分配方式对低排放企业更好，两种分配方式下交易企业总收益不变。

表5－2　　两种分配方式下企业相关指标

分配方式	高排放企业			低排放企业			碳价	总收益
	x^H	π^H	e^H	x^L	π^L	e^L	τ	π
基于历史排放	43.7848	25.4411	19.1711	48.2864	24.1432	5.8289	0.14195	49.5843
基于产出	43.7848	21.8924	19.1711	48.2864	27.6919	5.8289	0.14195	49.5843

纵向比较，从排放量来看，由于两种分配方式下企业产量不变，所以碳排放量也没有变化，但横向比较后发现，低排放企业的排放量仅为高排放企业排放量的30%。因此，在统一电价的电力市场上，基于产出的配额分配方式下，低排放企业收益最高，碳排放量也较小。

电力行业的碳排放配额交易市场是一个寡头垄断市场，存在明显的信息不对称、不确定现象，单纯依靠市场机制的定价方式很难达到资源的有效配置，电价规制自然有一定的合理性。上述分析也表明，市场信息会影响碳价形成，因此，有必要区分不同市场结构来研究碳排放配额交易市场的价格形成。

三　不同市场结构下的碳交易市场价格分析

根据国外碳排放交易市场体系成功经验，结合我国目前试点的碳交易现状，考虑到我国现有碳排放配额交易市场的区域封闭性和行业局限性，在我国碳排放市场存在不同的市场结构，某个区域性碳排放配额交易市场、某特定行业的碳排放配额交易市场可能是一个垄断竞争市场。因此，本部分将运用经济学市场理论和博弈论知识，对可能存在的市场结构逐一进行分析，研究各个市场结构下的碳排放配额市场价格、市场均衡点及减排潜力等。虽然我国碳排放配额交易市场不是一个完全竞争的市场，但是基于完全竞争条件下的分析同样具有现实意义。

（一）完全竞争市场

完全竞争市场是指竞争充分而不受任何阻碍和干扰的一种市场结构。根据完全竞争市场的条件[①]，提出以下假设：市场是完全信息的；市场主体都是理性的经济人（Ra-

① 参见高鸿业《西方经济学》（微观部分），中国人民大学出版社2011年版。

tional - economic Man），一切行为都是最大限度地满足自己的经济利益；所有参与交易企业都是碳排放配额价格的接受者，根据自己的减排成本决定是卖出还是购进配额；交易市场是区域性的，不考虑碳排放的外部效应。相关变量记号和含义见表5-3。

表5-3　　不同变量记号和含义

变量记号	含义
p	碳排放配额市场价格
q_s	区域内碳排放配额供给量
q_d	区域内碳排放配额需求量
A_1	企业从区域外碳交易市场购买的碳排放配额
A_2	企业必须在区域内完成的碳减排目标

目前，我国正在试点的主要是区域性的碳交易市场，尚不允许跨区域交易，但随着碳交易市场的逐渐成熟和发展，企业将可以跨区购买或出售配额，故表5-3将企业的总减排任务分成两块 A_1+A_2，参与交易企业的总减排量为 $q_s-q_d+A_1+A_2$，企业总减排成本可以记作 $TC(q_s-q_d+A_1+A_2)$。市场中的企业要么是出售配额获得最大收益，要么是购买配额实现减排成本最小。因此，企业追求净收益最大化的目标函数和约束条件如下：

$$\max p(q_s-q_d)-TC(q_s-q_d+A_1+A_2)$$

$$s.t.\ q_s \geqslant 0$$

$q_d \geqslant 0$

$q_s \cdot q_d = 0$

$q_d \leqslant A_1$

其中第三个约束条件表明，企业不可能同时是碳排放配额的需求者和供应者，对目标函数作一阶条件，可得 $p + \frac{\partial p}{\partial q_s} q_s - \frac{\partial TC}{\partial q_s} = 0$，即碳排放配额价格为 $p = \frac{\partial TC}{\partial q_s} - \frac{\partial p}{\partial q_s} q_s$。

同理可得 $p = \frac{\partial TC}{\partial q_d} - \frac{\partial p}{\partial q_d} q_d$。因为完全竞争市场模型中，各企业都是市场价格的接受者，不能影响价格，即 $\frac{\partial p}{\partial q_s} = \frac{\partial p}{\partial q_d} = 0$，所以，每个参与交易的企业，不管是碳排放配额的供给者还是需求者，配额价格均为 $p = \frac{\partial TC}{\partial q}$，价格等于边际减排成本 $p = MTC$。

显然，完全竞争市场条件下，参与企业追求自身利益最大化的同时也实现了整体经济效益的最优，整个行业资源达到最优配置，生产效率最高。但这只是一种理想状况，在我国碳交易发展的初级阶段，各项政策法规尚不健全，在实际过程中，很难保证参与交易企业是既有价格的接受者，那些购买或卖出配额潜力很大的企业，通常具有一定的市场力量，不完全是配额价格的接受者，有时甚至可以影响市场价格。同时，市场机制的不完善，还会导致参与企业的交易成本较高，交易成本的增加会导致配额价格的提升，会引起市场交易机制失去活力和吸引力，甚至使市场无法继续进行。

（二）卖方完全垄断市场

国内碳排放交易市场更多的时候只是卖方垄断市场。市场上有唯一的卖方，即垄断卖主，许多小的买方需求者。卖方意识到自己的决策行动可以影响市场价格，而众多小的买方只是价格的接受者，只能根据市场价格决定自己的战略行动，选择从市场中购买多少配额。

完全垄断一般分为自然垄断和非自然垄断。自然垄断企业通常具有持续的规模经济优势，长期平均减排成本一直下降；非自然垄断企业一般是具有市场进入壁垒的行业。本书的卖方完全垄断主要是指卖方因行业优势和交易机制设定而拥有大量碳排放配额，具有一定的市场势力。

设 B_1 为所有买方从区域外碳交易市场购买的碳排放配额，B_2 为所有买方在区域内完成的碳减排目标，则所有买方的总需求量为 $q_d = B_1 - B_2$。对于卖方而言，配额价格越高，卖方减排意愿就越大，提供给市场的配额就越多，自己的获利也越大，卖方知道自己可以通过提供配额的数量影响市场价格。只要卖方的边际收益大于边际减排成本，卖方就会不断提供减排配额，直到边际收益等于边际减排成本。

卖方完全垄断模型为：$\max pq_s - TC_s$，其中，TC_s 是垄断卖方在区域碳交易市场中的总减排成本。求一阶条件得

$p+\frac{\partial p}{\partial q_s}q_s=\frac{\partial TC_s}{\partial q_s}=MTC_s$，即边际收益 = 边际成本，市场均衡点位于边际收益曲线和边际成本曲线的交点处。

所有买主之间是竞争性的，他们的需求量等于垄断卖主的供应量，即 $q_s=q_d$，从而 $q_s=B_1-B_2$，因此 $p-\frac{\partial p}{\partial B_2}q_s=MTC_s$，同时，购买方只是价格的被动接受者，按自己的减排计划选取最优方案，即 $p=MC_d$，MC_d 是所有买方的边际成本，代入以后得到，$MC_d-\frac{\partial MC_d}{\partial B_2}q_s=MC_s$。这表明，买方边际减排成本高于卖方边际减排成本，其差额为 $\frac{\partial MC_d}{\partial B_2}q_s$，和卖方的配额供给量成正比，也和买方的单位减排量的单位边际成本变化（边际减排成本变化率）成正比。

卖方完全垄断市场的均衡价格等于买方的边际减排成本，与完全竞争市场相比，垄断卖方将减少配额出售量，维护垄断利润，使全社会净福利减少。

（三）卖方寡头垄断市场

寡头垄断市场是指少数几家厂商控制整个市场产品的生产和销售的这样一种市场组织。[①] 假设区域内有 n 个卖方，具有完全信息条件，每个卖方既知道其他所有卖方的信息，也知道所有买方的需求信息，而买方只是价格的接受者。若第 i 个卖方企业在区域内减排量为 R_i，配额供应

---

① 参见高鸿业《西方经济学》（微观部分），中国人民大学出版社 2011 年版。

量为 q_{s_i}，A_i 为第 i 个企业的总减排义务，则第 i 个卖方的模型为：

$$\max_{q_{s_i}} \pi_i (q_{s_1}, q_{s_2}, \cdots, q_{s_n}) = q_{s_i} p(q_{s_1}, q_{s_2}, \cdots, q_{s_n}) - TC_i(R_i)$$

$$s.t. \; q_{s_i} = R_i - A_i$$

这里，$p(q_{s_1}, q_{s_2}, \cdots, q_{s_n})$ 是碳排放配额的市场价格，$TC_i(R_i)$ 为第 i 个卖方企业的总减排成本，求利润最大化的一阶条件得：

$$p + q_{s_i} p'\left(1 + \frac{\partial q_{s_1}}{\partial q_{s_i}} + \frac{\partial q_{s_2}}{\partial q_{s_i}} + \cdots + \frac{\partial q_{s_{i-1}}}{\partial q_{s_i}} + \frac{\partial q_{s_{i+1}}}{\partial q_{s_i}} + \cdots + \frac{\partial q_{s_n}}{\partial q_{s_i}}\right) = MTC_i$$

根据纳什均衡的存在性定理①，每一个有限博弈至少存在一个纳什均衡。所以，上述均衡存在纳什均衡，只要有某个卖方采取纳什均衡策略，则其他卖方都没有动力去改变自己的策略，于是，对某一个参与人来说，只要其他人策略不变，纳什均衡时的策略都是他们的最优策略选择，他们都没有偏离这些策略的动力。因此，只要 $i \neq j$，就有 $\frac{\partial q_{s_j}}{\partial q_{s_i}} = 0$，代入一阶条件后得到 $p + q_{s_i} p' = MTC_i$。

对碳交易市场上的买方而言，他们只是价格的接受者，根据市场价格信息，在最大化收益的目标下，安排自己的生产计划，确定最优策略，碳排放配额价格 $p = MC_d$，

① 参见张维迎《博弈论与信息经济学》，上海人民出版社、上海三联书店 2004 年版。

从而：

$$MC_d'q_{s_i} = MTC_i - MC_d$$

从以上分析可以发现，此时的市场均衡价格等于买方的边际减排成本，所有买方无法左右价格，只能根据价格调整自己的减排策略，实现收益最大化，而每一个卖方则适当控制排放配额供给，获取垄断利润。市场均衡时，卖方和买方的边际减排成本差额为 $MC_d'q_{s_i}$，卖方的供给量越大，或者买方边际减排成本变化率越大，两者之间的差额就越大。

（四）主导卖方和竞争性从属市场

卖方市场就是价格及其他交易条件主要决定于卖方的市场。由于市场供不应求，买方之间展开竞争，卖方处于有利的市场地位，即使抬高价格，也能把商品卖出去，从而出现某种商品的市场价格由卖方起支配作用的现象。[①] 主导卖方市场是指在碳交易市场上有很多个卖方，但有一个企业技术设备先进，减排潜力巨大，拥有很强的市场影响力，可以通过自己的策略行动影响市场价格，而市场上其余卖方规模有限，可以出售配额的数量无法影响价格，只能根据已有市场价格选择各自的行动，决定出售配额的数量，其余卖方之间的关系都是竞争性的，称为竞争性从属。

显然，该市场上的主导卖方将同时面临着竞争性的买

---

① 参见百度百科“卖方市场”，http：//baike. baidu. com/view/316637. htm？ fr = aladdin。

主和竞争性的从属，当主导卖方减少配额出售量时，市场价格会上升，主导卖方获得垄断利润，此时，竞争性从属卖方会适时向市场提供更多的配额。因此，主导卖方可以利用所有买方的总需求和竞争性从属卖方的供给量之间的差额空间，决定最优策略，谋求自己的利润。从而，主导卖方 1 的收益π_1 模型可以表示为：

$$\max \pi_1 = q_{s_1} p(q_{s_1} + q_{s_2}) - TC_1(q_{s_1})$$

其中，q_{s_1}，q_{s_2}分别是主导卖方 1 和从属卖方 2 的配额供给量，$TC_1(q_{s_1})$ 是主导卖方的总成本，$p(q_{s_1} + q_{s_2})$ 表示碳排放配额市场价格与主导卖方和从属卖方的供给量之和有关。

如前所述，从属卖方 2 只是市场价格 p 的接受者，无法左右价格，只能根据自己的减排成本，决定出售的配额数量 q_{s_2}，最大化自己的收益π_2，即 $\max \pi_2 = pq_{s_2} - TC_2(q_{s_2})$，求一阶条件可得 $p = MTC_2$，该均衡价格 p 是由市场上所有卖方的供给量决定的，所以 $p = p(q_s) = p(q_{s_1} + q_{s_2})$，于是 $p(q_{s_1} + q_{s_2}) = MTC_2$，从属卖方根据边际减排成本等于市场价格来决定自己的决策行动，而且该式进一步反映了从属卖方的供应量与主导卖方的供应量有关。

另外，对 $p(q_{s_1} + q_{s_2}) = MTC_2$ 关于 q_{s_2}求偏导数可得$\frac{\partial q_{s_1}}{\partial q_{s_2}} = \frac{MTC_2' - p'}{p'}$，显然，碳排放配额供给量越大，价格自然下降，故 $p' < 0$，配额供给量增加意味着减排成本也相应增

加，即 $MTC_2'>0$，所以$\frac{\partial q_{s_1}}{\partial q_{s_2}}<0$，$q_{s_1}$与 q_{s_2}呈反向变动关系，主导卖方增加配额供给量试图获取高额利润，导致市场价格下降，从属卖方接受价格，为维护自身利益，被迫减少配额供给；反之亦然。同时，等式还表明$\frac{\partial q_{s_1}}{\partial q_{s_2}}$的数值不仅和边际减排成本的变化率有关，还和价格的变化率有关。由 $MTC_2'>0$ 可知，边际减排成本随着碳排放配额供给量的增加而增加，但增加幅度趋缓，MTC_2'的值也会越来越小，因而，$\frac{\partial q_{s_1}}{\partial q_{s_2}}$的数值也会变小，其绝对数值就会越来越大，这说明从属卖方的边际减排变化率越小，从属卖方越容易根据碳排放配额供给量的变化，做出快速反应，灵活制订减排计划，调整配额供给，从属卖方的配额供给量对主导卖方的供给量也就更加敏感。同样，p'越小，从属卖方的配额供给量对主导卖方的供给量也越敏感。

接下来分析主导卖方的最优决策。主导卖方通过选择配额供给量 q_{s_1}来最大化自己的利润，其目标函数为$\max\limits_{q_{s_1}} \pi_1 = q_{s_1}p(q_{s_1}+q_{s_2})-TC_1(q_{s_1})$，根据前面分析可知，从属卖方的配额供给量与主导卖方的供给量有关，所以目标函数中 $q_{s_2}=q_{s_2}(q_{s_1})$，即主导卖方自身的配额供给量完全决定其收益。求一阶条件可得 $p+q_{s_1}p'\left(1+\frac{\partial q_{s_2}}{\partial q_{s_1}}\right)=MTC_1$，均衡条件是边际减排成本等于边际收益，$p+q_{s_1}p'\left(1+\frac{\partial q_{s_2}}{\partial q_{s_1}}\right)$就是主导卖

方的边际收益。事实上，只要边际收益大于边际成本，主导卖方就会有动力不断提供碳排放配额以获取收益。

而碳交易市场上所有买方都是价格的接受者，他们无法影响市场价格，只能根据市场价格，结合自身的减排成本，选择购买配额的数量，因此，$p = MTC_3$，MTC_3 是买方的边际减排成本，代入后，$MTC_3 + q_{s_1} MTC_3' \left(1 + \frac{\partial q_{s_2}}{\partial q_{s_1}}\right) = MTC_1$，故：

$$q_{s_1} MTC_3' \left(1 + \frac{\partial q_{s_2}}{\partial q_{s_1}}\right) = MTC_1 - MTC_3$$

与前几种市场结构相比，主导卖方依然存在垄断利润，价格垄断也会使社会福利减少，最终的均衡价格等于所有买方或从属卖方的边际减排成本。从上式中可以发现，均衡时，主导卖方和买方的边际减排成本差额是 $q_{s_1} MTC_3' \left(1 + \frac{\partial q_{s_2}}{\partial q_{s_1}}\right)$，其数值和主导卖方的配额供给量以及买方的边际减排成本变化率有关，也与$\frac{\partial q_{s_2}}{\partial q_{s_1}}$有关，$\frac{\partial q_{s_2}}{\partial q_{s_1}}$的绝对值越小，主导卖方的市场力量就越强，$MTC_1$ 和 MTC_3 的差额就越大。特别地，当从属卖方的市场力量远远低于主导卖方，此时的市场就变成了完全垄断的市场结构；$\frac{\partial q_{s_2}}{\partial q_{s_1}}$的绝对值等于 1，主导卖方和从属卖方就属于同等的市场地位，此时的市场就趋于完全竞争市场结构。

四 研究结论

本章从理论上研究碳排放配额交易市场的定价问题，给出了不同分配方式和不同市场结构下的交易价格问题。

两种碳排放配额分配方式对参与碳交易企业的收益、碳排放量和碳排放配额价格有着不同程度的影响。电力市场的算例表明，高排放企业和低排放企业总收益在统一的电价下是一样的，碳排放配额价格也相同，但基于产出的分配方式对低排放企业是最有利的。因此，要根据不同行业细化碳排放初始配额分配方式。目前试点的碳排放配额交易，七个区域无一例外都是一个区域一个统一的分配方式，并没有考虑不同行业的差别，而本章的算例表明，电力市场的统一定价会使不同分配方式下的企业利润无差异，企业缺乏必要的激励去选择低排放。

完全竞争市场上碳排放配额的价格等于所有参与交易企业的边际成本，此时市场总收益最大。尽管相对封闭的区域碳交易市场可能是一个完全竞争市场，但事实表明，这样一个理想的市场结构在我国碳交易市场中也很难找到。卖方完全垄断市场和卖方寡头垄断市场上碳排放配额的价格等于买方的边际成本，企业获得垄断利润，社会总福利减少。这比较符合我国目前的区域碳交易市场（如区域内水泥、钢铁行业的碳交易市场就是完全垄断市场，而电力、石化等能源行业的碳交易市场就是寡头垄断市场），大部分市场现行的分配方式给予了不少行业垄断的企业足够的初始配额，它们具有的市场力量足以攫取大量的垄断收益，这些市场中的买方只是市场价格的被动接受者。主导卖方和竞争性从属市场上碳排放配额的价格等于买方或者从属卖方的边际成本，市场依然存在垄断利润，社会总福利减少。这是一种介于完全竞争和垄断之间的市场结构，从属卖方的配额供给依赖于主导卖方，主导卖方完全根据自身收益决定配额供给。因此，要加快推进我国碳排放配额市场定价机制的建立和完善。处于发展初级阶段的我国碳排放配额交易市场中，参与交易的垄断企业通常利用自身的市场力量，获得大量额外收益（windfall profit），主要缘于碳市场定价机制尚未形成，价格主要由市场一个或少数几个企业决定，目前首要任务是要在前期试点的基础上，探索我国碳市场合理的价格体系，避免价格的随意性带来的市场价格波动风险，进而损害碳市场的健康发展。

第六章　研究结论与政策建议

一　研究结论

人类活动的温室气体排放不断增长，尤其是化石能源消费的二氧化碳排放，导致全球气候变暖，环境问题产生的负外部性影响深远且日益显现。解决外部性问题时，经济学家主张将外部成本内部化，科斯提出可以通过市场交易的方式使外部成本内部化，他认为只要产权清晰，就可以通过自由协商的方式达到资源的优化配置，这是碳排放交易机制的理论基础。碳排放交易机制就是借助于市场手段，实现有效减排。碳排放交易机制的建立对于减少二氧化碳排放，降低全球二氧化碳的平均减排成本，传导减排政策发挥着重要作用。本书通过对我国碳排放配额交易市场的现状和定价问题的研究，得到如下几个方面的结论。

1. 我国碳交易市场成绩和问题

目前，国际碳交易市场发展得比较成熟，世界上已经建立了多个碳交易平台。2013 年全球碳交易量同比增长 14%达到 120 亿吨二氧化碳当量。2012 年初，我国在京津沪渝等 7 省市开展碳排放权交易试点工作，逐步建立起国内碳排放交易市场，截至 2014 年 8 月，7 省市累计成交量超过 1100 万吨二氧化碳当量，累计成交额超过 4.5 亿元，从目前的数据来看，碳排放配额交易试点进展顺利，成绩显著。但依然存在一些问题，首先，各地碳交易试点进度不一，交易冷热不均，经济发达地区交易比较频繁，交易量较大；其次，市场信息很不透明，参与企业无法做出合理决策，无论是基本面还是技术面，缺乏完善的信息披露机制，影响企业的参与积极性；再次，首个履约期内，只有上海和深圳在法定期限内完成履约，延迟履约反映企业积极性不够，市场流动性较差；最后，七个区域的减排任务不同，控排行业和标准也不一样，不利于我国统一碳市场的建立。

2. 我国碳交易市场发展的优势、约束条件、必要性和构建原则

坚定的国家政策支持、巨大的供给和需求是我国碳排放配额交易市场构建的优势，但我们也应该看到，我国碳市场的发展也存在一些约束条件，如缺乏微观制度保障、总量控制和碳强度分裂、减排行业单一以及相关配套服务匮乏等。全国性统一碳市场的构建是我国经济可持续发展

的现实选择，是应对国际气候变化谈判压力的迫切需要，是我国紧跟国际碳金融市场发展步伐的必然趋势。我国碳排放配额交易市场的构建应遵循以下原则：先地区试点后全面推进，先行业试点后强制减排，先政府引导后市场主导，先站稳国内市场再谋求国际竞争，先发展基础碳交易再创新碳金融产品。

3. 我国统一的碳交易市场构建路径

中国应首先构建跨省区域性碳交易市场，碳交易市场的构建应分层逐步推进，建立代表性省市区对应的碳交易先行区，火力发电应作为中国碳交易的先行业。本书借助于DSR模型，从城市发展的驱动力和发展状态两个维度，选取碳交易市场建立时考虑的八个指标，以中国30个省市自治区（不含港澳台及西藏）2005—2009年统计数据为样本，基于系统聚类分析得到上述结论。

4. 我国碳交易市场的减排成本

碳交易市场的建立和发展，需要以地区和企业的碳排放减排成本为基础。本书首先从微观企业视角研究了减排成本，构建了一般减排成本目标规划模型和三企业交易静态博弈模型，研究发现企业积极参与碳排放配额交易市场的前提是，企业的实际收益和预期潜在收益大于其成本，只要企业之间存在明显的边际成本差异，在参与交易时，博弈的纳什均衡会趋于或者都参与交易，或者都拒绝参与交易。若没有额外的激励或惩罚，在缺乏强制性减排目标时，只要有一家企业选择拒绝参与交易，则重复博弈后，所有企业都将选择拒绝参与交易。

其次，从宏观视角研究不同省市区的减排成本，以二氧化碳排放权为标的资产，建立期权定价模型，以“十二五”规划纲要提出的约束性目标为阈值，研究30个省市区因为完成减排目标可能导致的潜在减排成本数值，清晰勾勒出各省份完成减排任务所面对的可能成本值。

5. 我国碳交易市场的交易价格

除减排成本之外，碳排放配额交易市场另一个重要内容就是交易定价问题。根据我国碳交易市场发展现状，本书研究了不同分配方式和不同市场结构下的碳排放配额交易市场定价问题。基于历史排放和基于产出的两种碳排放配额分配方式对参与碳交易企业的收益、碳排放量和碳排放配额价格有着不同程度的影响。电力市场的算例表明，高排放企业和低排放企业总收益在统一的电价下是一样的，碳排放配额价格也相同，但基于产出的分配方式对低排放企业是最有利的。

碳排放交易市场中可能存在的市场结构有：完全竞争市场、卖方完全垄断市场、卖方寡头垄断市场和主导卖方和竞争性从属市场。完全竞争市场是一个理想的市场结构模型，尽管在该市场上碳排放配额的价格等于所有参与交易企业的边际成本，市场总收益达到最大，但在现实经济中很难存在。比较贴近实际的是卖方完全垄断市场和卖方寡头垄断市场，这些市场结构中碳排放配额的价格等于买方的边际成本，企业获得垄断利润，社会总福利相对减少。

比如，目前试点区域内水泥铁行业的碳交易市场就是完全垄断市场，而电力、石化等能源行业的碳交易市场就是寡头垄断的，根据各试点省份制定的配额分配方式，这些行业垄断的企业获取了足够的初始配额，因而，具备足够的市场力量攫取大量的垄断收益，所有买方只是市场价格的被动接受者。介于完全竞争和垄断之间的是主导卖方和竞争性从属市场结构，在这种市场结构中，碳排放配额的价格等于买方或者从属性卖方的边际成本，虽然市场依然存在垄断利润，社会总福利减少，但所有从属性卖方的配额供给主要依赖于主导卖方，主导卖方完全根据自身收益决定配额供给。

二 政策建议

（一）碳交易市场的构建需要健全各项规章制度

从目前试点区域的情况来看，普遍存在几个问题，首先，初始配额该如何分配？各个试点区域的主流方法依然是免费的，未来全国性的碳交易市场的配额分配也是国家统一分配（孙翠华，2014），比较切合实际的分配制度非常重要。但随着市场的逐渐成熟，配额分配制度也应逐步完善，建立区分不同行业的配额分配方式。其次，要建立规范的信息披露机制。在目前的碳交易市场中，市场的价格、交易量和买方卖方等交易信息尚不完全，这直接导致交易市场相关者徘徊在市场之外：潜在参与企业无法根据已有信息决策，可能的投机者也无法判断市场走向，市场的流动性受到影响，不仅使他们的积极性受挫，已有的交易企业最大化自身利益时也会存在抉择困难，这些都迫切需要透明的市场信息披露。规范的信息披露能有效促进市场参与者的积极性，保持市场的活力，避免交易量的低迷，降低对投资者利益的损害，充分发挥市场机制对资源的有效配置。最后，建立严格的奖惩体系。从试点情况来看，首个履约期就出现大量延迟现象，这与缺乏有效的惩罚机制不无关联。一个严格的奖惩体系，是保证碳交易市场健康运行的基础，它能够让合规的市场参与者获得合理的企业利润，同时，也能惩罚市场中存在的违规违法情况，增加企业的违法成本，保障碳交易市场的有序推进。

（二）碳交易市场的构建应分层推进

从纵向来看，在现行的碳交易试点成熟后，可以考虑建设区域性碳交易市场，如长三角、珠三角等，本书的实证研究表明，这种区域性市场可以避免资源浪费，消除行政壁垒，形成规模优势和区域溢出效应，然后再建立全国性碳交易市场。碳交易市场的构建应逐步推行，充分认识到地区的经济发展水平和环境资源禀赋的差异性。从横向来看，应逐步拓展限排行业。根据国际经验，目前的试点多是选择高能耗、高排放、高污染行业，但必须看到，这些行业也是我国经济发展的基础，经济增长必然会继续带来排放增加，碳交易也会增加这些行业的减排成本，在总量控制的前提下，可以丰富限排行业，特别是那些产业技术上有提升空间，限排成本也有降低可能的行业。

（三）要充分考虑碳交易市场对经济发展的影响

碳交易市场的建立短期内会对经济增长产生一定影响，主要表现在总量控制影响到部分企业，尤其是减排成本较高的企业；交易机制的各个环节，如配额分配方式，也会影响企业减排成本，进而造成企业利润降低。考虑到各省为完成“十二五”规划减排目标，可能会积极申请建立碳交易市场，在对“十二五”规划减排目标进行分解时，也要考虑到不同省市区的产业结构特点和自然资源情况，避免“一刀切”现象，尽量建立动态化的指标分解体系，对那些尚需要进一步发展经济提升人民生活水平的省市区，要适当调整减排指标，避免对经济发展产生直接冲击。

（四）要加快推进我国碳排放配额市场定价机制的建立和完善

处于发展初级阶段的我国碳排放配额交易市场中，参与交易的垄断企业通常利用自身的市场力量，获得大量额外收益（windfall profit），主要缘于碳市场定价机制尚未形成，价格主要由市场一个或少数几个企业决定，目前的首要任务就是要在前期试点的基础上，探索出我国碳市场合理的价格体系，避免价格的随意性带来的市场价格波动风险，进而损害碳市场的健康发展。卖方完全垄断市场和卖方寡头垄断市场上碳排放配额的价格等于买方的边际成本，处于发展初级阶段的我国碳排放配额交易市场，参与交易的垄断企业通常利用自身的市场力量获得大量额外收益（windfall profit），主要缘于碳市场定价机制尚未形成，价格主要由市场一个或少许几个企业决定，首要任务就是要在前期试点的基础上，探索出我国碳市场合理的价格体系，避免价格的随意性带来的市场价格波动风险，进而损害碳市场的健康发展。从目前的试点情况看，我国区域碳交易市场主要是卖方完全垄断市场和卖方寡头垄断市场，结合前面的理论分析，不难发现，由于初始阶段配额分配方式大部分是免费分配，这种市场结构中的垄断或寡头企业具有一定的市场势力，可以根据自身的边际成本，随意制定和左右市场价格，相当多的买方只是价格的被动接受者，少许企业攫取垄断利润的同时，给整个碳交易市场带来一定的风险。这样的风险在另一种市场结构——主导卖方和竞争性从属市场结构上也同样存在。尽管，该市场结构中，少许企业的市场力量不足以影响价格，但是主导卖方完全根据自身收益决定配额供给，市场依然存在垄断利润，社会总福利相应减少。因此，完善的定价机制是我国碳市场健康发展的重要保障。

（五）要以全球化的眼光建立和完善我国碳交易市场

国际碳价波动对我国宏观经济影响的逻辑是，若国际碳价波动导致国际能源价格上涨，引起国际高耗能产品成本增加，国际高耗能产品需求旺盛，国内投资迅速增加，而国内能源实行限价管理，低价的能源政策使得国内高耗能产品成本相对低廉，尽管需求很大，但中国产品定价权缺失，导致国内企业利润量大，利润率低。

国际碳排放配额价格与我国能源价格存在长期的协整关系，国际碳价和我国能源价格互为格兰杰原因。这要求我们注重能源产业的长期健康发展，提高能源企业的国际竞争力，更为重要的是，随着我国碳排放配额交易市场的发展，国际碳价波动也必然会干扰到我国的碳市场。因此，尽快建立完善碳交易市场交易体制，形成规范的价格风险防范机制，对我国现阶段碳交易市场的发展至关重要。

参考文献

[1] 查冬兰、周德群：《我国工业 CO_2 排放影响因素差异性研究——基于高耗能行业与中低耗能行业》，《财贸研究》2008 年第 1 期。

[2] 常瑞英、唐海萍：《碳贸易中碳价格计算的土地机会成本模型评述及实例分析》，《资源科学》2007 年第 3 期。

[3] 陈立芸、刘金兰、王仙雅：《天津市碳排放权定价及成本节约效果分析》，《管理现代化》2014 年第 2 期。

[4] 陈诗一：《能源消耗、二氧化碳排放与中国工业的可持续发展》，《经济研究》2009 年第 4 期。

[5] 陈文颖、高鹏飞、何建坤：《二氧化碳减排对中国未来 GDP 的影响》，《清华大学学报》（自然科学版）2004 年第 6 期。

[6] 陈晓红、王陟昀：《欧洲碳排放交易价格机制的实证研究》，《科技进步与对策》2010 年第 19 期。

[7] 范英、张晓兵、朱磊：《基于多目标规划的中国二氧

化碳减排的宏观经济成本估计》,《气候变化研究进展》2010 年第 2 期。

[8] 韩一杰、刘秀丽:《中国二氧化碳减排的增量成本测算》,《管理评论》2010 年第 6 期。

[9] 吉宗玉:《我国建立碳交易市场的必要性和路径研究》,博士学位论文,上海社会科学院,2011 年。

[10] 姜礼尚、徐承龙、任学敏、李少华:《金融衍生产品定价的数学模型与案例分析》,高等教育出版社 2008 年版。

[11] 李国志、李宗植:《中国二氧化碳排放的区域差异和影响因素研究》,《中国人口·资源与环境》2010 年第 5 期。

[12] 李国志、李宗植:《人口、经济和技术对二氧化碳排放的影响分析——基于动态面板模型》,《人口研究》2010 年第 3 期。

[13] 李岩岩、赵湘莲、陆敏:《碳税与能源补贴对我国农村能源消费的影响分析》,《农业经济问题》2013 年第 8 期。

[14] 林云华:《国际气候合作与排放权交易制度研究》,博士学位论文,华中科技大学,2006 年。

[15] 刘明磊、朱磊、范英:《我国省级碳排放绩效评价及边际减排成本估计——基于非参数距离函数方法》,《中国软科学》2011 年第 3 期。

[16] 陆敏、赵湘莲:《经济增长、能源消费与二氧化碳排

放的关联分析》,《统计与决策》2012 年第 2 期。
[17] 陆敏、赵湘莲、李岩岩:《基于系统聚类的中国碳交易市场初步研究》,《软科学》2013 年第 3 期。
[18] 陆敏、赵湘莲、李岩岩:《碳排放交易国内外研究热点问题综述》,《中国科技论坛》2012 年第 4 期。
[19] 陆敏、赵湘莲、李岩岩:《碳排放约束目标下的中国省际潜在支出分析》,《系统工程》2014 年第 2 期。
[20] 宋帮英、苏方林:《我国省域碳排放量与经济发展的 GWR 实证研究》,《财经科学》2010 年第 4 期。
[21] 孙睿、况丹、常冬勤:《碳交易的“能源—经济—环境”影响及碳价合理区间测算》,《中国人口·资源与环境》2014 年第 7 期。
[22] 王倩、高翠云、王硕:《基于不同原则下的碳权分配与中国的选择》,《当代经济研究》2014 年第 4 期。
[23] 王群伟、周德群、周鹏:《区域二氧化碳排放绩效及减排潜力研究——以我国主要工业省区为例》,《科学学研究》2011 年第 6 期。
[24] 王群伟、周德群、周鹏:《中国全要素二氧化碳排放绩效的区域差异——考虑非期望产出共同前沿函数的研究》,《财贸经济》2010 年第 9 期。
[25] 王毅刚:《中国碳排放权交易体系设计研究》,经济管理出版社 2011 年版。
[26] 王毅刚、葛兴安、邵诗洋、李亚东:《碳排放权交易制度的中国道路——国际实践与中国应用》,经济管

理出版社 2011 年版。

[27] 魏楚：《中国城市 CO_2 边际减排成本及其影响因素》，《世界经济》2014 年第 7 期。

[28] 魏一鸣、刘兰翠、范英、吴刚等：《中国能源报告（2008）：碳排放研究》，科学出版社 2008 年版。

[29] 魏一鸣、王恺、凤振华、从容刚：《碳金融与碳市场——方法与实证》，科学出版社 2010 年版。

[30] 夏炎、范英：《基于减排成本曲线演化的碳减排策略研究》，《中国软科学》2012 年第 3 期。

[31] 肖黎姗、王润、杨德伟：《中国省际碳排放极化格局研究》，《中国人口·资源与环境》2011 年第 11 期。

[32] 杨超、李国良、门明：《国际碳交易市场的风险度量及对我国的启示——基于状态转移与极值理论的 VAR 比较研究》，《数量经济技术经济研究》2011 年第 4 期。

[33] 杨来科、张云：《国际碳交易框架下边际减排成本与能源价格关系研究》，《财贸研究》2012 年第 4 期。

[34] 张纪录：《区域碳排放因素分解及最优低碳发展情景分析——以中部地区为例》，《经济问题》2012 年第 7 期。

[35] 张跃军、魏一鸣：《化石能源市场对国际碳市场的动态影响实证研究》，《管理评论》2010 年第 6 期。

[36] 张志强、程国栋：《可持续发展评估指标、方法及应用研究》，《冰川冻土》2002 年第 4 期。

[37] 周宏春：《低碳经济理论与发展路径》，机械工业出版社 2011 年版。

[38] 庄贵阳、潘家华、朱守先：《低碳经济的内涵及综合评价指标体系构建》，《经济学动态》2011 年第 1 期。

[39] 2050 中国能源和碳排放研究课题组：《2050 中国能源和碳排放研究报告》，科学出版社 2010 年版。

[40] A. Boersen，B. Scholtens，"The Relationship between European Electricity Markets and Emission Allowance Futures Prices in Phase Ii of the Eu（European Union）Emission Trading Scheme"，*Energy*，2014，74（0）：585－594.

[41] A. Brauneis，R. Mestel，S. Palan，"Inducing Low－carbon Investment in the Electric Power Industry through a Price Floor for Emissions Trading"，*Energy Policy*，2013，53：190－204.

[42] A. Charles，O. Darné，J. Fouilloux，"Testing the Martingale Difference Hypothesis in CO_2 Emission Allowances"，*Economic Modelling*，2011，28（1－2）：27－35.

[43] A. D. Ellerman，B. K. Buchner，"Over－allocation or Abatement? A Preliminary Analysis of the Eu Ets Based on the 2005－06 Emissions Data"，*Environmental and Resource Economics*，2008，41（2）：267－287.

[44] A. Moiseyev，B. Solberg，A. M. I. Kallio，"The Impact of Subsidies and Carbon Pricing on the Wood Biomass Use

for Energy in the Eu", *Energy*, 2014, 76 (0): 161 - 167.

[45] A. M. A. K. Abeygunawardana, C. Bovo, A. Berizzi, Analysis of Impacts of Carbon Prices on the Italian Electricity Market Using a Supply Function Equilibrium Model, Proceedings of the 9th WSEAS/IASME International Conference on Electrlc Power Systems, High Voltages, Electric Machines, 2009: 167 - 173.

[46] A. M. Oestreich, I. Tsiakas, "Carbon Emissions and Stock Returns: Evidence from the Eu Emissions Trading Scheme", *Journal of Banking & Finance*, 2015, 58: 294 - 308.

[47] B. D. L. Jordan, T. Wilkerson, Delavane D. Turner, John P. Weyant, "Comparison of Integrated Assessment Models: Carbon Price Impacts on U. S. Energy", *Energy Policy*, 2015, 76: 18 - 31.

[48] B. Manley, P. Maclaren, "Potential Impact of Carbon Trading on Forest Management in New Zealand", *Forest Policy and Economics*, 2012, 24: 35 - 40.

[49] B. Wesselink, S. Klaus, A. Gilbert, K. Blok, The Ifiec Method for the Allocation of CO_2 Allowances in the Eu Emissions Trading Scheme, 2008.

[50] B. Zhang, Y. Zhang, J. Bi, "An Adaptive Agent - based Modeling Approach for Analyzing the Influence of Transac-

tion Costs on Emissions Trading Markets", *Environmental Modelling & Software*, 2011, 26 (4): 482 -491.

[51] B. Zhu, S. Ma, J. Chevallier, Y. Wei, "Modelling the Dynamics of European Carbon Futures Price: A Zipf Analysis", *Economic Modelling*, 2014, 38: 372 -380.

[52] C. - C. Chao, "Assessment of Carbon Emission Costs for Air Cargo Transportation", *Transportation Research Part D: Transport and Environment*, 2014, 33(0): 186 -195.

[53] C. Böhringer, A. Lange, T. F. Rutherford, "Optimal Emission Pricing in the Presence of International Spillovers: Decomposing Leakage and Terms - of - Trade Motives", *National Bureau of Economic Research* (No. w15899), 2010.

[54] C. Böhringer, A. Lange, "On the Design of Optimal Grandfathering Schemes for Emission Allowances", *European Economic Review*, 2005, 49 (8): 2041 -2055.

[55] C. Böhringer, K. E. Rosendahl, "Strategic Partitioning of Emission Allowances under the Eu Emission Trading Scheme", *Resource and Energy Economics*, 2009, 31 (3): 182 -197.

[56] C. Chih Chang, T. Chia Lai, "Carbon Allowance Allocation in the Transportation Industry", *Energy Policy*, 2013, 63: 1091 -1097.

[57] C. Kettner, A. Köppl, S. Schleicher, "The Eu Emission Trading Scheme: Insights from the First Trading Years

with a Focus on Price Volatility", *WIFO Working Papers*, 2010.

[58] C. W. Howe, "Taxes Versus Tradable Discharge Permits: A Review in the Light of the U. S. and European Experience", *Environmental and Resource Economics*, 1994, 4 (2): 151 - 169.

[59] Dales, *Pollution, Preperty and Prices: An Essay in Policy - Making and Economics*, Toronto: University of Toronto Press, 1968.

[60] D. A. Castelo Branco, A. Szklo, G. Gomes, B. S. M. C. Borba, R. Schaeffer, "Abatement Costs of CO_2 Emissions in the Brazilian Oil Refining Sector", *Applied Energy*, 2011, 88 (11): 3782 - 3790.

[61] D. Bredin, C. Muckley, "An Emerging Equilibrium in the Eu Emissions Trading Scheme", *Energy Economics*, 2011, 33 (2): 353 - 362.

[62] D. Burtraw, K. Palmer, M. Heintzelman, "Electricity Restructuring: Consequences and Opportunities for the Environment", *The International Yearbook of Environmental and Resource Economics*, 2002 (2001): 40 - 79.

[63] D. Kirat, I. Ahamada, "The Impact of the European Union Emission Trading Scheme on the Electricity - Generation Sector", *Energy Economics*, 2011, 33 (5):

995 - 1003.

[64] D. K. Foley, A. Rezai, L. Taylor, "The Social Cost of Carbon Emissions: Seven Propositions", *Economics Letters*, 2013, 121 (1): 90 - 97.

[65] D. Wu, Y. Xu, S. Zhang, "Will Joint Regional Air Pollution Control Be More Cost - Effective? An Empirical Study of China's Beijing - Tianjin - Hebei Region", *Journal of Environmental Management*, 2015, 149 (0): 27 - 36.

[66] D. Zhang, V. J. Karplus, C. Cassisa, X. Zhang, "Emissions Trading in China: Progress and Prospects", *Energy Policy*, 2014.

[67] E. Alberola, J. Chevallier, B. Chèze, "Emissions Compliances and Carbon Prices under the Eu Ets: A Country Specific Analysis of Industrial Sectors", *Journal of Policy Modeling*, 2009, 31 (3): 446 - 462.

[68] E. Alberola, J. Chevallier, B. t. Chèze, "Price Drivers and Structural Breaks in European Carbon Prices 2005 - 2007", *Energy Policy*, 2008, 36 (2): 787 - 797.

[69] E. Denny, M. O'Malley, "The Impact of Carbon Prices on Generation - Cycling Costs", *Energy Policy*, 2009, 37 (4): 1204 - 1212.

[70] E. Lanzi, J. Chateau, R. Dellink, "Alternative Approaches for Levelling Carbon Prices in a World with Frag-

mented Carbon Markets", *Energy Economics*, 2012, 34: S240 - S250.

[71] E. P. Johnson, "The Cost of Carbon Dioxide Abatement from State Renewable Portfolio Standards", *Resource and Energy Economics*, 2014, 36 (2): 332 - 350.

[72] E. Zagheni, F. C. Billari, "A Cost Valuation Model Based on a Stochastic Representation of the Ipat Equation", *Population and Environment*, 2007, 29 (2): 68 - 82.

[73] F. Convery, D. Ellerman, C. D. Perthuis, "The European Carbon Market in Action: Lessons from the First Trading Period", *Journal for European Environmental & Planning Law*, 2008, 5 (2): 215 - 233.

[74] F. Jaehn, P. Letmathe, "The Emissions Trading Paradox", *European Journal of Operational Research*, 2010, 202 (1): 248 - 254.

[75] F. Jotzo, A. Löschel, "Emissions Trading in China: Emerging Experiences and International Lessons", *Energy Policy*, 2014.

[76] F. Nazifi, G. Milunovich, "Measuring the Impact of Carbon Allowance Trading on Energy Prices", *Energy & Environment*, 2010, 21 (5): 367 - 383.

[77] G. Bel, S. Joseph, "Emission Abatement: Untangling the Impacts of the Eu Ets and the Economic Crisis", *En-*

ergy Economics, 2015, 49: 531 -539.

[78] G. Daskalakis, D. Psychoyios, R. N. Markellos, "Modeling CO_2 Emission Allowance Prices and Derivatives: Evidence from the European Trading Scheme", *Journal of Banking & Finance*, 2009, 33 (7): 1230 -1241.

[79] G. Hua, T. C. E. Cheng, S. Wang, "Managing Carbon Footprints in Inventory Management", *International Journal of Production Economics*, 2011, 132 (2): 178 -185.

[80] G. T. Svendsen, M. Vesterdal, "How to Design Greenhouse Gas Trading in the Eu?", *Energy Policy*, 2003, 31 (14): 1531 -1539.

[81] H. Li, H. Mu, M. Zhang, S. Gui, "Analysis of Regional Difference on Impact Factors of China's Energy - related CO_2 Emissions", *Energy*, 2012, 39 (1): 319 -326.

[82] I. A. Mackenzie, N. Hanley, T. Kornienko, "The Optimal Initial Allocation of Pollution Permits: A Relative Performance Approach", *Environmental and Resource Economics*, 2008, 39 (3): 265 -282.

[83] J. -L. Mo, P. Agnolucci, M. -R. Jiang, Y. Fan, "The Impact of Chinese Carbon Emission Trading Scheme (Ets) on Low Carbon Energy (Lce) Investment", *Energy Policy*, 2016, 89: 271 -283.

[84] J. Ahn, "Assessment of Initial Emission Allowance Allo-

cation Methods in the Korean Electricity Market", *Energy Economics*, 2014, 43: 244 - 255.

[85] J. A. Lennox, R. Andrew, V. Forgie, Price Effects of an Emissions Trading Scheme in New Zealand, Presentation at the 107th EAAE Seminar Modelling of Agricultural and Rural Development Policies, Seville, Spain, 29th January - 1st February, 2008.

[86] J. A. Lennox, R. van Nieuwkoop, "Output - based Allocations and Revenue Recycling: Implications for the New Zealand Emissions Trading Scheme", *Energy Policy*, 2010, 38 (12): 7861 - 7872.

[87] J. D. Jenkins, "Political Economy Constraints on Carbon Pricing Policies: What Are the Implications for Economic Efficiency, Environmental Efficacy, and Climate Policy Design?", *Energy Policy*, 2014, 69: 467 - 477.

[88] J. E. Parsons, A. D. Ellerman, S. Feilhauer, "Designing a U. S. Market for CO_2", *Journal of Applied Corporate Finance*, 2009, 21 (1): 79 - 86.

[89] J. F. Li, X. Wang, Y. X. Zhang, Q. Kou, "The Economic Impact of Carbon Pricing with Regulated Electricity Prices in China - an Application of a Computable General Equilibrium Approach", *Energy Policy*, 2014, 75: 46 - 56.

[90] J. J. Jiang, B. Ye, X. M. Ma, "The Construction of

Shenzhen's Carbon Emission Trading Scheme", *Energy Policy*, *2014*.

[91] J. K. Stranlund, L. J. Moffitt, "Enforcement and Price Controls in Emissions Trading", *Journal of Environmental Economics and Management*, 2014, 67 (1): 20-38.

[92] J. Reilly, S. Paltsev, B. Felzer, X. Wang, D. Kicklighter, J. Melillo, R. Prinn, M. Sarofim, A. Sokolov, C. Wang, "Global Economic Effects of Changes in Crops, Pasture, and Forests Due to Changing Climate, Carbon Dioxide, and Ozone", *Energy Policy*, 2007, 35 (11): 5370-5383.

[93] J. Schleich, K. S. Rogge, R. Betz, "Incentives for Energy Efficiency in the Eu Emissions Trading Scheme", *Energy Efficiency*, 2009, 2 (1): 37-67.

[94] J. Seifert, M. Uhrig - Homburg, M. Wagner, "Dynamic Behavior of CO_2 Spot Prices", *Journal of Environmental Economics and Management*, 2008, 56 (2): 180-194.

[95] J. Zhao, B. F. Hobbs, J. - S. Pang, "Long - Run Equilibrium Modeling of Emissions Allowance Allocation Systems in Electric Power Markets", *Operations Research*, 2010, 58 (3): 529-548.

[96] K. Neuhoff, F. C. Matthes, "The Role of Auctions for Emissions Trading", *Climate Strategies Report*, Cambridge, 2008.

[97] K. S. Rogge, M. Schneider, V. H. Hoffmann, "The Innovation Impact of the Eu Emission Trading System – findings of Company Case Studies in the German Power Sector", *Ecological Economics*, 2011, 70 (3): 513 –523.

[98] K. van't Veld, A. Plantinga, "Carbon Sequestration or Abatement? The Effect of Rising Carbon Prices on the Optimal Portfolio of Greenhouse – gas Mitigation Strategies", *Journal of Environmental Economics and Management*, 2005, 50 (1): 59 –81.

[99] K. Wang, Y. – M. Wei, X. Zhang, "A Comparative Analysis of China's Regional Energy and Emission Performance: Which Is the Better Way to Deal with Undesirable Outputs?", *Energy Policy*, 2012, 46: 574 –584.

[100] K. Wang, Y. – M. Wei, "China's Regional Industrial Energy Efficiency and Carbon Emissions Abatement Costs", *Applied Energy*, 2014, 130 (0): 617 –631.

[101] L. – B. Cui, Y. Fan, L. Zhu, Q. – H. Bi, "How Will the Emissions Trading Scheme Save Cost for Achieving China's 2020 Carbon Intensity Reduction Target?", *Applied Energy*, 2014, 136 (0): 1043 –1052.

[102] L. H. Goulder, M. A. C. Hafstead, M. Dworsky, "Impacts of Alternative Emissions Allowance Allocation Methods under a Federal Cap – and – Trade Program", *Journal of Environmental Economics and Management*,

2010, 60 (3): 161 -181.

[103] L. Ko, C. - Y. Chen, J. - W. Lai, Y. - H. Wang, "Abatement Cost Analysis in CO_2 Emission Reduction Costs Regarding the Supply - side Policies for the Taiwan Power Sector", *Energy Policy*, 2013, 61 (0): 551 -561.

[104] L. Meleo, C. R. Nava, C. Pozzi, "Aviation and the Costs of the European Emission Trading Scheme: The Case of Italy", *Energy Policy*, 2016, 88: 138 -147.

[105] L. M. Abadie, J. M. Chamorro, "European CO_2 Prices and Carbon Capture Investments", *Energy Economics*, 2008, 30 (6): 2992 -3015.

[106] L. M. de Menezes, M. A. Houllier, M. Tamvakis, "Time - varying Convergence in European Electricity Spot Markets and Their Association with Carbon and Fuel Prices", *Energy Policy*, 2016, 88: 613 -627.

[107] L. Wu, H. Qian, J. Li, "Advancing the Experiment to Reality: Perspectives on Shanghai Pilot Carbon Emissions Trading Scheme", *Energy Policy*, 2014.

[108] L. Xu, S. - J. Deng, V. M. Thomas, "Carbon Emission Permit Price Volatility Reduction through Financial Options", *Energy Economics*, 2014.

[109] L. Zetterberg, "Benchmarking in the European Union Emissions Trading System: Abatement Incentives",

Energy Economics, 2014, 43: 218 -224.

[110] M. - C. Frunza, D. Guegan, A. Lassljdkere, "Dynamic Factor Analysis of Carbon Allowances Prices: From Classic Arbitrage Pricing Theory to Switching Regimes", 2010.

[111] M. E. H. Arouri, F. Jawadi, D. K. Nguyen, "Nonlinearities in Carbon Spot - futures Price Relationships During Phase Ii of the Eu Ets", *Economic Modelling*, 2012, 29 (3): 884 -892.

[112] M. Gronwald, J. Ketterer, S. Trück, "On the Origins of Emission Allowance Price", *Unpublished Working Paper*, 2010.

[113] M. G. J. den Elzen, A. F. Hof, A. Mendoza Beltran, G. Grassi, M. Roelfsema, B. van Ruijven, J. van Vliet, D. P. van Vuuren, "The Copenhagen Accord: Abatement Costs and Carbon Prices Resulting from the Submissions", *Environmental Science & Policy*, 2011, 14 (1): 28 -39.

[114] M. Kara, S. Syri, A. Lehtilä, S. Helynen, V. Kekkonen, M. Ruska, J. Forsström, "The Impacts of Eu CO_2 Emissions Trading on Electricity Markets and Electricity Consumers in Finland", *Energy Economics*, 2008, 30 (2): 193 -211.

[115] M. Mansanet - bataller, J. Chevallier, M. Hervé - mi-

gnucci, E. Alberola, "Eua and Scer Phase Ii Price Drivers: Unveiling the Reasons for the Existence of the Eua - Scer Spread", *Energy Policy*, 2011, 39 (3): 1056 - 1069.

[116] M. Robaina Alves, M. Rodríguez, C. Roseta - Palma, "Sectoral and Regional Impacts of the European Carbon Market in Portugal", *Energy Policy*, 2011, 39 (5): 2528 - 2541.

[117] M. Weitzman, "Prices vs. Quantities", *The Review of Economic Studies*, 1974, 41 (4): 477 - 491.

[118] N. E. Hultman, S. Pulver, L. Guimarães, R. Deshmukh, J. Kane, "Carbon Market Risks and Rewards: Firm Perceptions of CDM Investment Decisions in Brazil and India", *Energy Policy*, 2010.

[119] N. Koch, S. Fuss, G. Grosjean, O. Edenhofer, "Causes of the Eu Ets Price Drop: Recession, Cdm, Renewable Policies or a Bit of Everything? —New Evidence", *Energy Policy*, 2014, 73: 676 - 685.

[120] N. Wu, J. E. Parsons, K. R. Polenske, "The Impact of Future Carbon Prices on Ccs Investment for Power Generation in China", *Energy Policy*, 2013, 54: 160 - 172.

[121] Peter Cramton, S. Kerr, "Tradeable Carbon Permit Auctions How and Why to Auction Not Grandfather",

Energy Policy, 2002 (30): 333 – 345.

[122] P. J. Wood, F. Jotzo, "Price Floors for Emissions Trading", *Energy Policy*, 2011, 39 (3): 1746 – 1753.

[123] P. Lauri, A. M. I. Kallio, U. A. Schneider, "Price of CO_2 Emissions and Use of Wood in Europe", *Forest Policy and Economics*, 2012, 15: 123 – 131.

[124] P. Rocha, T. K. Das, V. Nanduri, A. Botterud, "Impact of CO_2 Cap – and – Trade Programs on Restructured Power Markets with Generation Capacity Investments", *International Journal of Electrical Power & Energy Systems*, 2015, 71: 195 – 208.

[125] P. R. Ehrlich, J. P. Holdren, "Impact of Population Growth", *Science*, 1971, 171 (3977): 1212 – 1217.

[126] P. Vithayasrichareon, I. F. MacGill, "Assessing the Value of Wind Generation in Future Carbon Constrained Electricity Industries", *Energy Policy*, 2013, 53: 400 – 412.

[127] P. Wächter, "The Usefulness of Marginal CO_2 – E Abatement Cost Curves in Austria", *Energy Policy*, 2013, 61: 1116 – 1126.

[128] R. Betz, A. Gunnthorsdottir, Modeling Emissions Markets Experimentally: The Impact of Price Uncertainty, Unpublished Manuscript, 2009.

[129] R. F. Calili, R. C. Souza, A. Galli, M. Armstrong,

A. L. M. Marcato, "Estimating the Cost Savings and Avoided CO_2 Emissions in Brazil by Implementing Energy Efficient Policies", *Energy Policy*, 2014, 67 (0): 4 -15.

[130] R. Golombek, S. A. C. Kittelsen, K. E. Rosendahl, "Price and Welfare Effects of Emission Quota Allocation", *Energy Economics*, 2013, 36: 568 -580.

[131] R. G. Cong, Y. M. Wei, "Auction Design for the Allocation of Carbon Emission Allowances: Uniform or Discriminatory Price?", *International Journal of Energy and Environment*, 2010, 1 (3): 533 -546.

[132] R. G. Cong, Y. M. Wei, "Experimental Comparison of Impact of Auction Format on Carbon Allowance Market", *Renewable and Sustainable Energy Reviews*, 2012, 16 (6): 4148 -4156.

[133] R. N. Stavins, "Transaction Costs and Tradeable Permits", *Journal of Environmental Economics and Management*, 1995, 29 (2): 133 -148.

[134] R. Sousa, L. Aguiar - Conraria, M. J. Soares, "Carbon Financial Markets: A Time - Frequency Analysis of CO_2 Prices", *Physica A: Statistical Mechanics and its Applications*, 2014, 414: 118 -127.

[135] R. York, E. A. Rosa, T. Dietz, "Stirpat, Ipat and Impact: Analytic Tools for Unpacking the Driving Forces

of Environmental Impacts", *Ecological Economics*, 2003, 46 (3): 351 - 365.

[136] S. - C. Lee, D. - H. Oh, J. - D. Lee, "A New Approach to Measuring Shadow Price: Reconciling Engineering and Economic Perspectives", *Energy Economics*, 2014, 46: 66 - 77.

[137] S. De Cara, P. - A. Jayet, "Marginal Abatement Costs of Greenhouse Gas Emissions from European Agriculture, Cost Effectiveness, and the Eu Non - Ets Burden Sharing Agreement", *Ecological Economics*, 2011, 70 (9): 1680 - 1690.

[138] S. Hammoudeh, A. Lahiani, D. K. Nguyen, R. M. Sousa, "An Empirical Analysis of Energy Cost Pass - through to CO_2 Emission Prices", *Energy Economics*, 2015, 49: 149 - 156.

[139] S. Hammoudeh, D. K. Nguyen, R. M. Sousa, "Energy Prices and CO_2 Emission Allowance Prices: A Quantile Regression Approach", *Energy Policy*, 2014, 70: 201 - 206.

[140] S. Hammoudeh, D. K. Nguyen, R. M. Sousa, "What Explain the Short - term Dynamics of the Prices of CO_2 Emissions?", *Energy Economics*, 2014, 46: 122 - 135.

[141] S. Mandell, "The Choice of Multiple or Single Auctions in Emissions Trading", *Climate Policy*, 2005, 5

(1): 97 - 107.

[142] S. R. Millimana, R. Prince, "Firm Incentives to Promote Technological Change in Pollution Control", *Journal of Environmental Economics and Management*, 1989, 17 (3): 247 - 265.

[143] S. Yu, Y. - M. Wei, J. Fan, X. Zhang, K. Wang, "Exploring the Regional Characteristics of Inter - provincial CO_2 Emissions in China: An Improved Fuzzy Clustering Analysis Based on Particle Swarm Optimization", *Applied Energy*, 2012, 92: 552 - 562.

[144] T. H. Edwards, J. P. Hutton, "Allocation of Carbon Permits within a Country a General Equilibrium Analysis of the United Kingdom", *Energy Economics*, 2001, 23 (4): 371 - 386.

[145] T. Jong, O. Couwenberg, E. Woerdman, "Does Eu Emissions Trading Bite? An Event Study", *Energy Policy*, 2014, 69: 510 - 519.

[146] T. N. Cason, L. Gangadharan, "Price Discovery and Intermediation in Linked Emissions Trading Markets: A Laboratory Study", *Ecological Economics*, 2011, 70 (7): 1424 - 1433.

[147] T. Tietenberg, "Disclosure Strategies for Pollution Control", *Environmental and Resource Economics*, 1998, 11 (3 - 4): 587 - 602.

[148] T. Xu, J. Sathaye, K. Kramer, "Sustainability Options in Pulp and Paper Making: Costs of Conserved Energy and Carbon Reduction in the US", *Sustainable Cities and Society*, 2013, 8 (0): 56 -62.

[149] U. Oberndorfer, "Eu Emission Allowances and the Stock Market: Evidence from the Electricity Industry", *Ecological Economics*, 2009, 68 (4): 1116 -1126.

[150] W. Blyth, D. Bunn, J. Kettunen, T. Wilson, "Policy Interactions, Risk and Price Formation in Carbon Markets", *Energy Policy*, 2009, 37 (12): 5192 -5207.

[151] W. Kim, D. Chattopadhyay, J. - Park, "Impact of Carbon Cost on Wholesale Electricity Price: A Note on Price Pass - through Issues", *Energy*, 2010, 35 (8): 3441 -3448.

[152] W. Zhou, L. Gao, "The Impact of Carbon Trade on the Management of Short - rotation Forest Plantations", *Forest Policy and Economics*, 2016, 62: 30 -35.

[153] X. Wang, Y. Cai, Y. Xu, H. Zhao, J. Chen, "Optimal Strategies for Carbon Reduction at Dual Levels in China Based on a Hybrid Nonlinear Grey - prediction and Quota - allocation Model", *Journal of Cleaner Production*, 2014, 83 (0): 185 -193.

[154] X. Zhou, L. W. Fan, P. Zhou, "Marginal CO_2 Abatement Costs: Findings from Alternative Shadow Price Es-

timates for Shanghai Industrial Sectors", *Energy Policy*, 2015, 77 (0): 109 - 117.

[155] Y. - G. Kim, J. - S. Lim, "An Emissions Trading Scheme Design for Power Industries Facing Price Regulation", *Energy Policy*, 2014.

[156] Y. - M. Wei, L. Wang, H. Liao, K. Wang, T. Murty, J. Yan, "Responsibility Accounting in Carbon Allocation: A Global Perspective", *Applied Energy*, 2014, 130 (0): 122 - 133.

[157] Y. Choi, N. Zhang, P. Zhou, "Efficiency and Abatement Costs of Energy - related CO_2 Emissions in China: A Slacks - Based Efficiency Measure", *Applied Energy*, 2012, 98 (0): 198 - 208.

[158] Y. Fan, J. Wu, Y. Xia, J. - Y. Liu, "How Will a Nationwide Carbon Market Affect Regional Economies and Efficiency of CO_2 Emission Reduction in China?", *China Economic Review*, 2016, 38: 151 - 166.

[159] Y. Li, L. Zhu, "Cost of Energy Saving and CO_2 Emissions Reduction in China's Iron and Steel Sector", *Applied Energy*, 2014, 130 (0): 603 - 616.

[160] Y. Li, Y. Z. Wang, Q. Cui, "Has Airline Efficiency Affected by the Inclusion of Aviation into European Union Emission Trading Scheme? Evidences from 22 Airlines During 2008 - 2012", *Energy*, 2016, 96:

8 -22.

[161] Y. Lu, X. Zhu, Q. Cui, "Effectiveness and Equity Implications of Carbon Policies in the United States Construction Industry", *Building and Environment*, 2012, 49: 259 -269.

[162] Y. Tian, A. Akimov, E. Roca, V. Wong, "Does the Carbon Market Help or Hurt the Stock Price of Electricity Companies? Further Evidence from the European Context", *Journal of Cleaner Production*, 2016, 112, Part 2: 1619 -1626.

[163] Z. -H. Feng, L. -L. Zou, Y. -M. Wei, "Carbon Price Volatility: Evidence from Eu Ets", *Applied Energy*, 2011, 88 (3): 590 -598.

[164] Z. Liao, X. Zhu, J. Shi, "Case Study on Initial Allocation of Shanghai Carbon Emission Trading Based on Shapley Value", *Journal of Cleaner Production*, 2014.

[165] Z. Xun, G. James, A. Liebman, D. Zhao - Yang, C. Ziser, "Partial Carbon Permits Allocation of Potential Emission Trading Scheme in Australian Electricity Market", *Power Systems, IEEE Transactions on*, 2010, 25 (1): 543 -553.